高等职业教育生物与化工大类专业新形态教材　校企合作教材

分析化学及实验技术

韩德红　主编

山东人民出版社·济南

国家一级出版社 全国百佳图书出版单位

图书在版编目（CIP）数据

分析化学及实验技术／韩德红主编 . --济南：山东人民出版社，2024.2（2025.1 重印）
ISBN 978-7-209-14853-5

Ⅰ．①分⋯　Ⅱ．①韩⋯　Ⅲ．①分析化学－化学实验　Ⅳ．①O652.1

中国国家版本馆CIP数据核字(2023)第217306号

分析化学及实验技术

FENXI HUAXUE JI SHIYAN JISHU

韩德红　主编

主管单位　山东出版传媒股份有限公司
出版发行　山东人民出版社
出 版 人　胡长青
社　　址　济南市市中区舜耕路517号
邮　　编　250003
电　　话　总编室（0531）82098914
　　　　　市场部（0531）82098027
网　　址　http://www.sd-book.com.cn
印　　装　山东华立印务有限公司
经　　销　新华书店

规　　格　16开（169mm×239mm）
印　　张　11
字　　数　163千字
版　　次　2024年2月第1版
印　　次　2025年1月第2次
ISBN 978-7-209-14853-5
定　　价　37.00元
　　　　　如有印装质量问题，请与出版社总编室联系调换。

编　委　会

主　　编　韩德红（山东科技职业学院）

副　主　编　陈义群（山东科技职业学院）

王崇妍（山东科技职业学院）

栾会妮（威海海洋职业学院）

编写人员　高晓涵（山东科技职业学院）

刘娜娜（山东科技职业学院）

唐晓璇（山东科技职业学院）

卜雪峰（山东科技职业学院）

刘慧玉（山东科技职业学院）

任庚清（山东科技职业学院）

庞静静（山东科技职业学院）

赵新玲（山东科技职业学院）

江丽慧（山东科技职业学院）

李　会（滨州职业学院）

孙亚敏（威海海洋职业学院）

徐勤娟（威海海洋职业学院）

王含鹏（烟台万华化学集团）

前 言

　　本书采用校企合作、工作过程系统化的模式编写，共包括三个模块，第一模块化学分析基础知识，包括两个教学单元，教学单元一化学分析检验概述，教学单元二化学分析检验数据处理；模块二常用分析仪器，包括两个教学单元，教学单元一容量仪器使用及维护，教学单元二分析天平的使用与维护；模块三化学分析检验技术，包括 5 个教学单元，分别是教学单元一酸碱滴定分析检验技术、教学单元二配位滴定分析检验技术、教学单元三氧化还原滴定分析检验技术、教学单元四沉淀滴定分析检验技术、教学单元五重量分析法。本书可作为高职高专和成人教育的化学化工类专业、生物、食品、环境类等专业的教材，可供从事分析、化验、质检、商检等工作的技术人员参考，也为从事分析检验工作人员理论与技能的提升、成人自学等提供全面的系统知识和技能指导。教材针对化学检验员技能考证、技能培训、技能大赛等设计学习内容，在附录中加入全国化学检验工技能大赛赛题及实践操作评分标准。

　　分析化学及实验技术教材是校企合作开发编写的，充分、合理运用信息技术制作视频、动画等数字化学习资源，以二维码形式展现。教材中灵活融入课程思政，增强全方位育人的实效性，使学习者既能掌握一定的分析化学及实验技术基础理论和分析实验动手技能，又能培养良好的职业素养，促进德智体美劳全面发展，推进

"三全育人"，努力实现职业知识、职业技能和职业精神培养的高度融合。

本书由山东科技职业学院韩德红担任主编；山东科技职业学院陈义群、王崇妍，威海海洋职业学院栾会妮担任副主编；编写团队成员有山东科技职业学院高晓涵、刘娜娜、唐晓璇、卜雪峰、刘慧玉、任庚清、庞静静、赵新玲、江丽慧，滨州职业学院李会，威海海洋职业学院孙亚敏、徐勤娟，烟台万华化学集团王含鹏，等。编写团队参阅了大量文献和报告，并得到了山东人民出版社的精心指导和大力支持，在此对各位专家、老师的辛勤工作表示衷心地感谢！

目　录

模块一

化学分析
基础知识

🎛 知识目标

1. 了解分析化学的任务、作用等；

2. 掌握滴定分析的定义及特点；

3. 掌握几种浓度之间的换算和待测组分的浓度表示方法；

4. 掌握基准物质及标准溶液的表达方式；

5. 掌握滴定分析结果的计算方法；

6. 掌握定量分析过程中产生误差的原因，提出减免方法。

♂ 能力目标

1. 能够进行溶液浓度之间的换算；

2. 能分析误差产生的原因，提出减免方法；

3. 能计算分析结果的误差与偏差。

✖ 素质目标

1. 树立精益求精的严谨态度和质量强国的爱国意识；

2. 培养实事求是、尊重客观的价值观念；

3. 培养团队协作的能力。

教学单元一

化学分析检验概述

知识点一　化学分析检验必备知识

（实验室安全、试剂、用水）

知识目标

1. 掌握实验室规则与安全知识；
2. 掌握实验室化学试剂的级别及合理取用；
3. 掌握化学分析检验对水的要求。

能力目标

1. 学习实验室安全知识与学会处理意外事故；
2. 学会实验用试剂的级别分类和取用；
3. 会制备及取用分析检验试剂及水。

一、实验室规则

化学分析检验技术是一门实践性很强的学科。学习化学分析检验技术，不但能够掌握化学分析检验技术基本的规范操作技能，培养严格、认真、实事求是的工作态度，培养从事科学实验的正确思路和科学的思维方法，提高分析和解决实际问题的能力，同时也能加强对化学分析检验技术基础理论的理解。为了达到上述目的，应该做到以下几点：

1. 课前必须认真预习，明确实验目的，领会实验原理，熟悉实验内容和实验步骤，写好实验预习报告，对将要进行的实验做到心中有数。

2. 实验时，保持安静，严格遵守操作规程。但切忌机械地"照方抓药"，应积极思考每一步操作的目的和作用，认真观察实验现象。当发现异常情况时，应探究其原因并找出解决的办法。

实验室安全防护

3. 对不熟悉的仪器和设备，应仔细阅读使用说明，听从教师指导，切不可随意动手，以防损坏仪器或发生安全事故。实验台应始终保持清洁有序，节约试剂，不乱扔废弃物，以免阻塞管道。

4. 实验原始数据是得出实验结论的唯一依据。从学生时代起，就应养成良好的职业习惯，认真、忠实地做好原始数据记录、实验现象记录。所有原始数据都应边实验边准确地记录在专用的实验记录本上，而不要待实验结束后补记，也不要将原始数据记录在草稿本或其他地方。不能凭主观意愿删去自己不喜欢的数据，更不能随意更改数据。若记错了，在错的数据上轻轻划一道杠，再将正确的数据记在旁边。数据记录本应预先编好页码，不得撕毁其中的任何一页。

5. 实验完毕，认真书写实验报告，回答思考题，认真总结做实验的要领、存在的问题及进行误差分析。

6. 结束实验后，将玻璃器皿洗刷干净，仪器复原，并填写登记卡。清洁实验台，清扫实验室，最后检查门、窗、水、电、煤气等是否关闭，方能离开实验室。

二、实验室安全知识

1. 实验室安全规则

在化学分析检验实验中，经常使用腐蚀性的、易燃易爆炸的或有毒的化学试剂，大量使用易损的玻璃仪器和某些精密分析仪器，离不开煤气、水、电等，为确保实验的正常进行和人身安全，必须严格遵守实验室的安全规则。

（1）必须熟悉实验室及其周围环境，如水闸、电闸、灭火器的位置。

（2）使用电器设备时，不能用湿手去碰触电器，以防触电。

（3）一切有毒、有气味的气体实验，都应在通风橱内进行。使用浓硝酸、盐酸、硫酸、高氯酸、氨水时，均应在通风橱中操作，绝不允许在实验室敞放加热。

（4）不能用手直接拿取试剂，要用药勺或指定的容器取用。取用一些强腐蚀性的试剂，如氢氟酸、溴水等，必须戴上橡胶手套。

（5）对易燃物（如酒精、丙酮、乙醚等）、易爆物（如氯酸钾），使用时要远离火源，用完后应及时加盖存放在阴凉通风处。低沸点的有机溶剂应在水浴上加热。

（6）热、浓的高氯酸遇有机物常易发生爆炸。如果试样为有机物时，应先用浓硝酸加热，使之与有机物发生反应，有机物被破坏后，再加入高氯酸。蒸发高氯酸所产生的烟雾易在通风橱中凝聚，经常使用高氯酸的通风橱应定期用水冲洗，以免高氯酸的凝聚物与尘埃、有机物产生作用，引起燃烧或爆炸，造成事故。

（7）汞盐、砷化物、氰化物等剧毒物品，使用时应特别小心。氰化物不能接触酸，因其两者作用时会产生氰化氢（剧毒）。氰化物废液应倒入碱性亚铁盐溶液中，使其转化为亚铁氰化铁盐类，然后作废液处理，严禁直接倒入下水道或废液缸中。

（8）实验室内严禁饮食、吸烟，一切化学药品严禁入口。实验完毕后，需认真洗手。

2. 实验室意外事故的正确处置方法

实验时若有意外事故发生，应沉着、冷静、正确应对。实验室意外事故的处理方法见表1-1。

<table>
<tr><td colspan="2" style="text-align:center">表1-1 实验室意外事故的处理方法</td></tr>
<tr><td>意外事故</td><td>正确处置方法</td></tr>
<tr><td>受强酸腐伤</td><td>先用大量水冲洗，然后擦上碳酸氢钠油膏</td></tr>
<tr><td>氢氟酸腐伤</td><td>迅速用水冲洗，再用5%苏打溶液冲洗，然后浸泡在冰冷的饱和硫酸镁溶液中半小时，最后敷以26%硫酸镁、6%氧化镁、18%甘油、水和1.2%盐酸普鲁卡因配成的药膏（或甘油和氧化镁质量比为2：1的悬浮剂涂抹，用消毒纱布包扎）</td></tr>
</table>

（续表）

意外事故	正确处置方法
强碱腐伤	立即用大量水冲洗，然后用1%柠檬酸或硼酸溶液冲洗
磷烧伤	用1%硫酸铜，1%硝酸银或浓高锰酸钾溶液处理伤口后，送医院治疗
吸入溴、氯等有毒气体	吸入少量酒精和乙醚的混合蒸气以解毒，同时应到室外呼吸新鲜空气
汞泄漏	立即用滴管或毛笔尽可能将汞拾起，然后用锌皮接触使其成为合金而消除之，最后撒上硫黄粉，使汞与硫反应，生成不挥发的硫化汞
触电事故	立即拉开电闸，切断电源，尽快利用绝缘物（干木棒、竹竿）将触电者与电源隔离
火灾	酒精及其他可溶于水的液体着火，可用水灭火；汽油、乙醚等有机溶剂着火时，可用沙土扑灭；导线或电器着火时，首先切断电源，用四氯化碳灭火器灭火

以上事故如果严重，应立即送医院医治。

三、化学试剂

1.化学试剂的级别和使用

试剂的纯度对分析结果准确度的影响很大，不同的分析工作对试剂纯度的要求也不相同。因此，必须了解试剂的分类标准，以便正确使用试剂。

根据化学试剂中所含杂质的多少，将实验室普遍使用的一般试剂划分为四个等级，具体的名称、标志和主要用途见表1-2。

表1-2　化学试剂的级别和主要用途

级别	中文名称	英文标志	标签颜色	主要用途
一级	优级纯	GR	绿	精密分析实验
二级	分析纯	AR	红	一般分析实验
三级	化学纯	CP	蓝	一般化学实验
生物化学试剂	生化试剂、生物染色剂	BR	黄色	生物化学及医用化学实验

此外，还有基准试剂、色谱纯试剂、光谱纯试剂等。基准试剂的纯度相

当或高于优级纯试剂。色谱纯试剂是在最高灵敏度下以 10^{-10} g 下无杂质峰来表示的。光谱纯试剂专门用于光谱分析，是以光谱分析时出现的干扰谱线的数目及强度来衡量的，即杂质含量用光谱分析法已测不出或其杂质含量低于某一限度。

高纯试剂和基准试剂的价格要比一般试剂高数倍乃至数十倍。因此，应根据分析工作的具体情况进行选择，不要盲目地追求高纯度。关于基准试剂的应用，以后的学习中要专门讲解，这里仅指出试剂选用的一般原则。

（1）滴定分析常用的标准溶液，一般应选用分析纯试剂配制，再用基准试剂进行标定。某些情况下（例如对分析结果要求不是很高的实验），也可以用优级纯或分析纯试剂代替基准试剂。滴定分析中所用其他试剂一般为分析纯试剂。

（2）仪器分析实验一般使用优级纯或专用试剂，测定微量或超微量成分时应选用高纯试剂。

（3）某些试剂从主体含量看，优级纯与分析纯相同或很接近，只是杂质含量不同。若所做实验对试剂杂质要求高，应选择优级纯试剂；若只对主体含量要求高，则选用分析纯试剂。

（4）按规定，试剂的标签上应标明试剂名称、化学式、摩尔质量、级别、技术规格、产品标准号、生产许可证号、生产批号、厂名等，危险品和毒品还应给出相应的标志。若上述标记不全，应提出质疑。当所购试剂的纯度不能满足实验要求时，应将试剂提纯后再使用。

（5）指示剂的纯度往往不太明确，除少数标明"分析纯""试剂四级"外，经常只写明"化学试剂""企业标准"或"部颁暂行标准"等。常用的有机试剂也常等级不明，一般只可作化学纯试剂使用，必要时进行提纯。

2. 试剂的保管和取用

试剂保管不善或取用不当，极易变质和被沾污，这在分析化学实验中往往是引起误差甚至造成失败的主要原因之一。因此，必须按一定的要求保管和取用试剂。

（1）使用前，要认清标签；取用时，不可将瓶盖随意乱放，应将瓶盖反放在干净的地方。固体试剂应用干净的药匙取用，用毕立即将药匙洗净，晾干备用。液体试剂一般用量筒取用。倒试剂时，标签朝上，不要将试剂泼洒在外，多余的试剂不应倒回原试剂瓶内，取完试剂随手将瓶盖盖好，切不可张冠李戴，以防被沾污。

（2）盛装试剂的试剂瓶都应贴上标签，写明试剂的名称、规格、日期等，不可在试剂瓶中装入与标签不符的试剂，以免造成差错。标签脱落的试剂，在未查明前不可使用。标签要用碳素墨水书写或打印，以长久保存字迹，并贴在试剂瓶的2/3处，整齐美观。

（3）使用标准溶液前，应把试剂充分摇匀。

（4）易腐蚀玻璃的试剂，如氟化物、苛性碱等，应保存在塑料瓶或涂有石蜡的玻璃瓶中。

（5）易氧化的试剂（如氯化亚锡、低价铁盐）、易风化或潮解的试剂（如氯化铝、无水碳酸钠、氢氧化钠等），应用石蜡密封瓶口。

（6）易见光分解的试剂，如高锰酸钾、硝酸银等，应用棕色瓶盛装，并保存在暗处。

（7）易受热分解的试剂、低沸点的液体和易挥发的试剂，应保存在阴凉处。

（8）剧毒试剂，如氰化物、三氧化二砷（砒霜）、二氯化汞等，必须特别妥善保管和安全使用。

四、实验室用水

（一）评价水质的常用指标

1.电阻率

电阻率是衡量实验室用水导电性能的指标，单位为 $M\Omega \cdot cm$。随着水内无机离子的减少而电阻加大，则数值逐渐变大。实验室超纯水的标准：电阻率为 $18.2\ M\Omega \cdot cm$。

2.总有机碳

总有机碳指水中碳的浓度，反映水中氧化的有机化合物的含量，单位为ppm或ppb。

（二）分类

实验室常见的水的种类是按照用途分类的，主要有以下几种：

1. 蒸馏水

蒸馏水是实验室最常用的一种纯水，虽设备便宜，但极其耗能和费水且速度慢，应用会逐渐减少。蒸馏水能去除自来水内大部分的污染物，但挥发性的杂质无法去除，如二氧化碳、氨、二氧化硅以及一些有机物。新鲜的蒸馏水是无菌的，但储存后细菌易繁殖。此外，储存的容器也很讲究，若是非惰性的物质，离子和容器的塑形物质会析出造成二次污染。

2. 去离子水

利用离子交换树脂去除水中的阴离子和阳离子，但水中仍然存在可溶性的有机物，可以污染离子交换柱，从而降低其功效。去离子水存放后也容易引起细菌的繁殖。

3. 反渗水

其生成的原理是水分子在压力的作用下，通过反渗透膜生成纯水，水中的杂质被反渗透膜截留排出。反渗水克服了蒸馏水和去离子水的许多缺点，利用反渗透技术可以有效地去除水中的溶解盐、胶体，细菌、病毒、细菌内毒素和大部分有机物等杂质，但不同厂家生产的反渗透膜对反渗水的质量影响很大。

4. 超纯水

其标准是水的电阻率为 $18.2\ M\Omega \cdot cm$（25℃）。但超纯水在 TOC、细菌、内毒素等指标方面因为各种实验的要求并不相同，要根据实验的要求来确定。

（三）按照 GB/T 6682-2008《分析实验室用水规格和试验方法》的标准，分析实验室用水分类

分析实验室用水按照 GB/T 6682-2008《分析实验室用水规范和试验方法》中的水标准进行分类，可以分为以下三类：

1. 三级水标准，电阻率 $\geq 0.2\ M\Omega \cdot cm$（25℃）；

2. 二级水标准，电阻率 $\geq 1\ M\Omega \cdot cm$（25℃）；

3. 一级水标准，电阻率≥18.25 MΩ·cm（25℃）。具体技术指标如表1-3。

表1-3　水质标准

指标	一级	二级	三级
pH 值范围（25℃）	—	—	5.0～7.5
电导率（25℃）/（mS/m）	≤ 0.01	≤ 0.10	≤ 0.50
可氧化物质含量（以 O 计）/（mg/L）	—	≤ 0.08	≤ 0.4
吸光度（254 nm，1 cm 光程）	≤ 0.001	≤ 0.01	—
蒸发残渣（105°±2℃）含量/（mg/L）	—	≤ 1.0	≤ 2.0
可溶性硅（以 SiO_2 计）含量/（mg/L）	≤ 0.01	≤ 0.02	—

（四）不同级别纯水的应用领域

不同级别纯水的应用领域见表1-4。

表1-4　不同级别纯水的应用领域

应用领域	纯水级别	相关参数
高效液相色谱（HPLC） 气相色谱（GC） 原子吸收（AA） 电感耦合等离子体光谱（ICP） 电感耦合等离子体质谱（ICP-MS） 分子生物学实验和细胞培养等	一级水	电阻率（MΩ·cm）：> 18.0 TOC 含量（ppb）：< 10 热原（Eu/mL）：< 0.03 颗粒（units/mL）：< 1 硅化物（ppb）：< 10 细菌（clu/mL）：< 1 pH：NA
制备常用试剂溶液 制备缓冲液	二级水	电阻率（MΩ·cm）：> 1.0 TOC 含量（ppb）：< 50 热原（Eu/mL）：< 0.25 颗粒（units/mL）：NA 硅化物（ppb）：< 100 细菌（clu/mL）：< 100 pH：NA
冲洗玻璃器皿 水浴用水	三级水	电阻率（MΩ·cm）：> 0.05 TOC 含量（ppb）：< 200 热原（Eu/mL）：NA 颗粒（units/mL）：NA 硅化物（ppb）：< 1 000 细菌（clu/mL）：< 1 000 pH：5.0～7.5

知识点二　滴定分析法概述

📋 **知识目标** - •

1. 了解滴定分析法的基本概念;
2. 能根据已知条件,进行滴定操作的有关计算。

📋 **技能目标** - •

1. 会选用合适的量器配制溶液;
2. 能正确选择滴定的方式;
3. 会用不同的方法制备标准溶液。

　　滴定分析法是将一种已知准确浓度的试剂溶液即标准溶液(也称作滴定剂),通过滴定管滴加到待测组分的溶液中,或者是将被测物质的溶液滴加到标准溶液中,直到标准溶液和待测组分恰好完全定量反应为止。这时加入标准溶液物质的量与待测组分的溶液物质的量符合反应式的化学计量关系,然后根据标准溶液的浓度和所消耗的体积,计算出待测组分的含量的分析方法。滴加的溶液称为滴定剂,滴加溶液的操作过程称为滴定。当滴加的标准溶液与待测组分的溶液恰好定量反应完全时的点,称为化学计量点。

　　通常利用指示剂颜色的突变或仪器测试来判断化学计量点的到达而停止滴定操作的这一点称为滴定终点。实际分析操作中滴定终点与理论上的化学计量点常常不能恰好吻合,它们之间往往存在很小的差别,由此而引起的误差称为终点误差。

　　滴定分析法是分析化学中重要的一类分析方法,它常用于测定含量≥1%的常量组分。此类方法快速、简便、准确度高,在生产实际和科学研究中应用非常广泛。

滴定分析法主要包括酸碱滴定法、配位滴定法、氧化还原滴定法及沉淀滴定法等。

一、滴定反应的条件与滴定方式

（一）滴定反应的条件

适用于滴定分析法的化学反应必须具备下列条件：

1. 反应必须定量地完成。即反应按一定的化学反应方程式进行完全，其反应的完全程度通常要求达到 99.9% 以上，无副反应发生。这是定量计算的基础。

2. 反应必须具备较快的反应速率。对于速率慢的反应，应采取适当措施提高反应速率。

3. 能用比较简便的方法确定滴定终点。

凡能满足上述要求的反应均可用滴定分析法。

（二）滴定方式

1. 直接滴定法

用标准溶液直接进行滴定，利用指示剂或仪器测试指示化学计量点到达的滴定方式，称为直接滴定法。待测物质的含量可以通过标准溶液的浓度及所消耗滴定剂的体积计算得出。例如，用 HCl 溶液滴定 NaOH 溶液，用 $K_2Cr_2O_7$ 溶液滴定 Fe^{2+} 等。直接滴定法是最常用和最基本的滴定方式。如果反应不能完全符合上述滴定反应的条件时，可以采用下述几种方式进行滴定。

2. 返滴定法

返滴定法通常是在待测试液中准确加入适当过量的标准溶液，待反应完全后，再用另一种标准溶液返滴剩余的第一种标准溶液，从而测定待测组分的含量的方式。例如，Al^{3+} 与乙二胺四乙酸二钠盐（简称 EDTA）溶液反应速率慢，不能直接滴定，常采用返滴定法，即在一定的 pH 条件下，于待测的 Al^{3+} 试液中加入一定量并过量的 EDTA 标准溶液，加热至 $50 \sim 60℃$，促使其反应完全。溶液冷却后加入二甲酚橙指示剂，用标准锌离子标准溶液返滴剩余的 EDTA 溶液，从而计算试样中铝的含量。

3. 置换滴定法

此方法是先加入适当试剂与待测组分定量反应，生成另一种可被滴定的物质，再用标准溶液滴定反应产物，然后由滴定剂消耗量，反应生成的物质与待测组分等物质的量的关系计算出待测组分的含量的方法。例如，用 $K_2Cr_2O_7$ 标定 $Na_2S_2O_3$ 溶液的浓度时，是以一定量的 $K_2Cr_2O_7$ 标准溶液在酸性溶液中与过量 KI 溶液作用，还原产生一定量的 I_2，以淀粉为指示剂，用 $Na_2S_2O_3$ 溶液滴定析出的 I_2，进而求得 $Na_2S_2O_3$ 溶液的浓度。

4. 间接滴定法

某些待测组分不能直接与滴定剂反应，但可通过其他的化学反应，间接测定其含量。例如，溶液中 Ca^{2+} 没有氧化还原的性质，但利用它与 $C_2O_4^{2-}$ 作用形成 CaC_2O_4 沉淀，过滤后，加入 H_2SO_4 溶液使沉淀物溶解，用 $KMnO_4$ 标准溶液与 $C_2O_4^{2-}$ 作用，可间接测定 Ca^{2+} 的含量。

返滴定法、置换滴定法、间接滴定法的应用，扩展了滴定分析法的应用范围。

二、基准物质和标准溶液

（一）基准物质

能用于直接配制或标定标准溶液准确浓度的物质，称为基准物质。在实际应用中大多数标准溶液是先配制成近似浓度，然后用基准物质来标定其准确的浓度。

基准物质应符合下列要求：

1. 物质必须具有足够的纯度，其质量分数要求 ≥ 99.9%，通常用基准试剂或优级纯物质；

2. 物质的组成（包括其结晶水含量）应与化学式相符合；

3. 试剂性质稳定；

4. 基准物质的摩尔质量应尽可能大，以减少称量误差。

能够满足上述要求的物质称为基准物质。在滴定分析法中常用的基准物质有邻苯二甲酸氢钾（$KHC_8H_4O_4$）、$Na_2B_4O_7 \cdot 10H_2O$、无水 Na_2CO_3、

$CaCO_3$、金属锌（Zn）、金属铜（Cu）、$K_2Cr_2O_7$、KIO_3、As_2O_3、$NaCl$ 等，如表 1-5 所示。

表 1-5　常用基准物质的干燥条件及其应用

基准物质		干燥后的组成	干燥条件（温度 /℃）	标定对象
名称	分子式			
碳酸氢钠	$NaHCO_3$	Na_2CO_3	$270 \sim 300$	酸
十水合碳酸钠	$Na_2CO_3 \cdot 10H_2O$	Na_2CO_3	$270 \sim 300$	酸
硼砂	$Na_2B_4O_7 \cdot 10H_2O$	$Na_2B_4O_7 \cdot 10H_2O$	放在装有 NaCl 和蔗糖饱和溶液的密闭器皿中	酸
二水合草酸	$H_2C_2O_4 \cdot 2H_2O$	$H_2C_2O_4 \cdot 2H_2O$	室温、空气干燥	碱或 $KMnO_4$
邻苯二甲酸氢钾	$KHC_8H_4O_4$	$KHC_8H_4O_4$	$110 \sim 120$	碱
重铬酸钾	$K_2Cr_2O_7$	$K_2Cr_2O_7$	$140 \sim 150$	还原剂
溴酸钾	$KBrO_3$	$KBrO_3$	130	还原剂
碘酸钾	KIO_3	KIO_3	130	还原剂
金属铜	Cu	Cu	室温干燥器中保存	还原剂
三氧化二砷	As_2O_3	As_2O_3	室温干燥器中保存	氧化剂
草酸钠	$Na_2C_2O_4$	$Na_2C_2O_4$	$105 \sim 110$	氧化剂
碳酸钙	$CaCO_3$	$CaCO_3$	110	EDTA
金属锌	Zn	Zn	室温干燥器中保存	EDTA
氧化锌	ZnO	ZnO	$900 \sim 1000$	EDTA
氯化钠	$NaCl$	$NaCl$	$500 \sim 600$	$AgNO_3$
氯化钾	KCl	KCl	$500 \sim 600$	$AgNO_3$
硝酸银	$AgNO_3$	$AgNO_3$	$220 \sim 250$	氯化物

（二）标准溶液的配制

配制标准溶液的方法一般有两种，即直接法和间接法。

1. 直接法

准确称取一定量的基准物质，溶解后定量转移入容量瓶中，加蒸馏水稀释至刻度，充分摇匀。根据称取基准物质的质量和容量瓶的体积，计算其准确浓度。

2. 间接法

对于不符合基准物质条件的试剂，不能用直接法配制成标准溶液的，可采用间接法。即先配制成近似于所需浓度的溶液，然后用基准物质或另一种标准溶液来标定它的准确浓度。例如，HCl 易挥发且纯度不高，可先配制成近似浓度的溶液，然后用基准物质标定 HCl 溶液的准确浓度。

三、标准溶液浓度的表示方法

（一）物质的量及其单位——摩尔

物质的量（n）的单位为摩尔（mol），它是系统的物质的量，该系统中包含的基本单元数与 0.012 kg ^{12}C 的原子数目相等。

基本单元可以是原子、分子、离子、电子及其他基本粒子，或是这些基本粒子的特定组合。例如，硫酸的基本单元可以是 H_2SO_4，也可以是 $\frac{1}{2}H_2SO_4$，基本单元不同，物质的量也就不同。用 H_2SO_4 作基本单元时，98.08 g 的 H_2SO_4 即为 1 mol；用 $\frac{1}{2}H_2SO_4$ 作基本单元时，98.08 g 的 H_2SO_4 则为 2 mol，基本单元数是 0.012 kg ^{12}C 的原子数目的两倍，故 $n_{\frac{1}{2}H_2SO_4}$ 即为 2 mol。

物质 B 的物质的量与质量的关系是：

$$n_B = \frac{m_B}{M_B}$$

式中：m_B——物质的质量；

M_B——物质的摩尔质量。

（二）物质的量浓度

标准溶液的浓度通常用物质的量浓度表示。物质的量浓度简称浓度，是指单位体积溶液中所含溶质的物质的量。物质 B 的物质的量浓度表达式为：

$$c_B = \frac{n_B}{V}$$

式中：c_B——物质的量浓度；

n_B——物质的量；

V——溶液的体积。

溶质的物质的量为：

$$n_B = c_B V$$

$$m_B = n_B M_B$$

将两式合并得出溶质的质量为：

$$m_B = n_B M_B = c_B V M_B$$

例 1 已知盐酸的密度为 1.19 g/mL，其中 HCl 的质量分数为 36%，求每升盐酸中所含有的 n_{HCl} 及盐酸的浓度 c_{HCl} 各为多少？

解： 根据式 $c_B = \dfrac{n_B}{V}$

$$n_B = \frac{m_B}{M_B} = \frac{1.19 \text{ g/mL} \times 1\,000 \text{ mL} \times 36\%}{36.5 \text{ g/mol}} \approx 12 \text{ mol}$$

$$c_B = \frac{n_B}{V} = \frac{12 \text{ mol}}{1.0 \text{ L}} = 12 \text{ mol/L}$$

（三）滴定度

滴定度是指 1 mL 滴定剂溶液相当于待测物质的质量（单位为 g），用 $T_{待测物/滴定剂}$ 表示。滴定度的单位为 $g \cdot mL^{-1}$。

在生产实际中，对大批试样进行某组分的例行分析，若用 T 表示很方便，如滴定消耗 V（mL）标准溶液，则被测物质的质量为：$m = TV$。

例如，氧化还原滴定分析中，用 $K_2Cr_2O_7$ 标准溶液测定 Fe 的含量时，$T_{Fe/K_2Cr_2O_7} = 0.003\,489$ $g \cdot mL^{-1}$，欲测定一试样中的铁含量，消耗滴定剂为 24.75 mL，则该试样中含铁的质量为

$$m = TV = 0.003\,489 \text{ g} \cdot mL^{-1} \times 24.75 \text{ mL} = 0.086\,35 \text{ g}$$

有时滴定度也可用每毫升标准溶液中所含溶质的质量（单位为 g）来表示。例如 $T_{\text{NaOH}} = 0.004\ 0\ \text{g} \cdot \text{mL}^{-1}$，即每毫升 NaOH 标准溶液中含有 NaOH 0.004 0 g 这种表示方法在配制专用标准溶液时广泛应用。

四、滴定分析法计算

滴定分析法是用标准溶液滴定被测物质的溶液，由于对反应物选取的基本单元不同，可以采用两种不同的计算方法。

假如选取分子、离子或原子作为反应物的基本单元，此时滴定分析结果计算的依据为：当滴定到化学计量点时，它们的物质的量之间关系恰好符合其化学反应所表示的化学计量关系。

（一）待测物的物质的量 n_A 与滴定剂的物质的量 n_B 的关系

在滴定分析法中，设待测物质 A 与滴定剂 B 直接发生作用，则反应式如下：

$$aA + bB \Longrightarrow cC + dD$$

当达到化学计量点时，a mol 的 A 物质恰好与 b mol 的 B 物质作用完全，则 n_A 与 n_B 之比等于它们的化学计量数之比，即

$$n_A : n_B = a : b$$

故

$$n_A = \frac{a}{b} n_B \qquad n_B = \frac{b}{a} n_A$$

例如，酸碱滴定法中，采用基准物质无水 Na_2CO_3 标定 HCl 溶液的浓度时，反应式为：

$$2HCl + Na_2CO_3 \Longrightarrow 2NaCl + H_2O + CO_2 \uparrow$$

根据式 $n_A = \dfrac{a}{b} n_B$ 得到

$$n_{\text{HCl}} = \frac{2}{1} n_{\text{Na}_2\text{CO}_3} = 2 n_{\text{Na}_2\text{CO}_3}$$

待测物溶液的体积为 V_A，浓度为 c_A，到达化学计量点时消耗了浓度为 c_B 的滴定剂的体积为 V_B，则

$$c_A V_A = \frac{a}{b} c_B V_B$$

例 2 准确移取 25.00 mL H_2SO_4 溶液，用 0.090 26 mol/L NaOH 溶液滴定，到达化学计量点时，消耗 NaOH 溶液的体积为 24.93 mL，问 H_2SO_4 溶液的浓度为多少？

解： $2NaOH + H_2SO_4 \Longrightarrow Na_2SO_4 + 2H_2O$

由式 $n_A = \dfrac{a}{b} n_B$ 得到

$$c_{H_2SO_4} V_{H_2SO_4} = \frac{1}{2} c_{NaOH} V_{NaOH}$$

$$c_{H_2SO_4} = \frac{0.090\ 26\ \text{mol/L} \times 24.93\ \text{mL}}{2 \times 25.00\ \text{mL}} = 0.045\ 00\ \text{mol/L}$$

上述关系式也能用于有关溶液稀释的计算。因为溶液稀释后，浓度虽然降低，但所含溶质的物质的量没有改变。所以配制溶液时，如果是将浓度高的溶液稀释为浓度低的溶液，可采用下式计算：

$$c_1 V_1 = c_2 V_2$$

式中：c_1、V_1——稀释前某溶液的浓度和体积；

　　　c_2、V_2——稀释后溶液的浓度和体积。

实际应用中，常用基准物质标定溶液的浓度，而基准物质往往是固体，因此必须准确称取基准物质的质量 m，溶解后再用于标定待测溶液的浓度。

例 3 准确称取基准物质无水 Na_2CO_3 0.109 8 g，溶于 20 ~ 30 mL 水中，采用甲基橙作指示剂，标定 HCl 溶液的浓度，到达化学计量点时，用去 V_{HCl} 20.54 mL，计算 c_{HCl} 为多少？（Na_2CO_3 的摩尔质量为 105.99 g/mol）

解： 滴定反应如下：

$2HCl + Na_2CO_3 \Longrightarrow H_2CO_3 + 2NaCl$

$$c_{HCl} = 2 \times \frac{m_{Na_2CO_3}}{M_{Na_2CO_3} \times V_{HCl}} = \frac{2 \times 0.109\ 8\ \text{g}}{105.99\ \text{g/mol} \times 20.54 \times 10^{-3}\ \text{L}} = 0.100\ 9\ \text{mol/L}$$

若滴定反应较为复杂时，应注意从总的反应过程中找出滴定剂与待测物之间的计量关系。

例如用 $K_2Cr_2O_7$ 标定 $Na_2S_2O_3$ 溶液的浓度时，它们之间并不是直接发生滴定反应。在酸性溶液中，首先由 $K_2Cr_2O_7$ 与过量的 KI 反应析出 I_2，然后用

$Na_2S_2O_3$ 待标定液为滴定剂，滴定析出的 I_2，从而间接计算 $c_{Na_2S_2O_3}$。

反应式：$Cr_2O_7^{2-} + 6I^- + 14H^+ \Longrightarrow 2Cr^{3+} + 3I_2 + 7H_2O$

滴定反应：$I_2 + 2S_2O_3^{2-} \Longrightarrow 2I^- + S_4O_6^{2-}$

在反应式中，1 mol $K_2Cr_2O_7$ 反应产生 3 mol I_2；在滴定反应中，1 mol I_2 和 2 mol $Na_2S_2O_3$ 反应。由此可知，$K_2Cr_2O_7$ 与 $Na_2S_2O_3$ 是按 1∶6 物质的量比反应的，故

$$n_{Na_2S_2O_3} = 6\, n_{K_2Cr_2O_7}$$

（二）待测物含量的计算

若称取试样的质量为 m_s，测得待测物的质量为 m_A，则待测物 A 的质量分数为

$$w_A = \frac{m_A}{m_s} \times 100\%$$

由式 $n_A = \dfrac{a}{b} n_B$ 得：$n_A = \dfrac{a}{b} n_B = \dfrac{a}{b} c_B V_B$

根据式 $$n_A = \frac{m_A}{M_A}$$

即可求得待测物的质量：$m_A = \dfrac{a}{b} c_B V_B M_A$

则待测物 A 的质量分数为：

$$w_A = \frac{\dfrac{a}{b} c_B V_B M_A}{m_s} \times 100\%$$

上式是滴定分析中计算待测物含量的一般通式。

例 4 称取工业纯碱试样 0.264 8 g，用 0.200 0 mol/L 的 HCl 标准溶液滴定，用甲基橙为指示剂，消耗 V_{HCl} 24.00 mL，求纯碱的纯度为多少？

解： $2HCl + Na_2CO_3 \Longrightarrow 2NaCl + H_2CO_3$

$$n_{Na_2CO_3} = \frac{1}{2} n_{HCl}$$

根据式 $w_A = \dfrac{\dfrac{a}{b} c_B V_B M_A}{m_s} \times 100\%$ 得出：

$$w_{Na_2CO_3} = \frac{\dfrac{1}{2} \times 0.200\,0\ \text{mol/L} \times 24.00 \times 10^{-3}\ \text{L} \times 105.99\ \text{g/mol}}{0.264\,8\ \text{g}} \times 100\%$$

$$= 96.06\%$$

例 5 称取铁矿石试样 0.156 2 g，试样分解后，经预处理使铁呈 Fe^{2+} 状态，用 0.012 14 mol/L $K_2Cr_2O_7$ 标准溶液滴定，消耗 $K_2Cr_2O_7$ 20.32 mL，试计算试样中 Fe 的质量分数为多少？若用 Fe_2O_3 表示，其质量分数为多少？

解： $Cr_2O_7^{2-} + 6Fe^{2+} + 14H^+ \Longrightarrow 2Cr^{3+} + 6\ Fe^{3+} + 7H_2O$

$$w_{Fe} = \frac{6 \times 0.012\ 14\ \text{mol/L} \times 20.32 \times 10^{-3}\ \text{L} \times 55.85\ \text{g/mol}}{0.156\ 2\ \text{g}} \times 100\%$$

$$= 52.92\%$$

$$w_{Fe_2O_3} = \frac{3 \times 0.012\ 14\ \text{mol/L} \times 20.32 \times 10^{-3}\ \text{L} \times 159.7\ \text{g/mol}}{0.156\ 2\ \text{g}} \times 100\%$$

$$= 75.66\%$$

假如选取分子、离子或这些粒子的某种特定组合作为反应物的基本单元，这时滴定分析结果计算的依据为：滴定到化学计量点时，被测物质的物质的量与标准溶液的物质的量相等。例如，对于质子转移的酸碱反应，根据反应中转移的质子数来确定酸碱的基本单元，即以转移一个质子的特定组合作为反应物的基本单元。例如 H_2SO_4 与 NaOH 之间的反应：

$$2NaOH + H_2SO_4 \Longrightarrow Na_2SO_4 + 2H_2O$$

在反应中 NaOH 转移一个质子，因此选取 NaOH 作基本单元，H_2SO_4 转移两个质子，选取 $\frac{1}{2}H_2SO_4$ 作基本单元，1 mol 酸与 1 mol 碱将转移 1 mol 质子，参加反应的 H_2SO_4 和 NaOH 的物质的量分别为：

$$n_{\frac{1}{2}H_2SO_4} = c_{\frac{1}{2}H_2SO_4} \times V_{H_2SO_4}$$

$$n_{NaOH} = c_{NaOH} V_{NaOH}$$

由于反应中 H_2SO_4 给出的质子数必定等于 NaOH 接受的质子数，因此根据质子转移数选取基本单元后，就使得酸碱反应到达化学计量点时两反应物的物质的量相等。

$$n_{NaOH} = n_{\frac{1}{2}H_2SO_4}$$

氧化还原反应是电子转移的反应，其反应物基本单元的选取应根据反应中转移的电子数，例如 $KMnO_4$ 与 $Na_2C_2O_4$ 的反应：

$$MnO_4^- + 8H^+ + 5e^- \Longrightarrow Mn^{2+} + 4H_2O$$

$$C_2O_4^{2-} - 2e^- \Longrightarrow 2CO_2$$

反应中 MnO_4^- 得到 5 个电子，$C_2O_4^{2-}$ 失去两个电子，因此，应选取 $\frac{1}{5}KMnO_4$ 和 $\frac{1}{2}Na_2C_2O_4$ 分别作为氧化剂和还原剂的基本单元。这样 1 mol 氧化剂和 1 mol 还原剂反应时就转移 1 mol 的电子，由于反应中还原剂给出的电子数和氧化剂所获得的电子数是相等的，因此在化学计量点时氧化剂和还原剂的物质的量也相等。

例 6 称取 0.150 0 g $Na_2C_2O_4$ 基准物，溶解后在强酸溶液中用 $KMnO_4$ 溶液滴定，用去 20.00 mL，计算该溶液的浓度 $c_{\frac{1}{5}KMnO_4}$。

解： 分别选取 $\frac{1}{5}KMnO_4$、$\frac{1}{2}Na_2C_2O_4$ 作基本单元，反应到达化学计量点时，两反应物的物质的量相等，则

$$n_{\frac{1}{5}KMnO_4} = n_{\frac{1}{2}Na_2C_2O_4}$$

$$n_{\frac{1}{5}KMnO_4} = c_{\frac{1}{5}KMnO_4} \times V_{KMnO_4}$$

$$n_{\frac{1}{2}Na_2C_2O_4} = \frac{m_{Na_2C_2O_4}}{M_{\frac{1}{2}Na_2C_2O_4}}$$

故　$c_{\frac{1}{5}KMnO_4} \times V_{KMnO_4} = \dfrac{m_{Na_2C_2O_4}}{M_{\frac{1}{2}Na_2C_2O_4}}$

$$c_{\frac{1}{5}KMnO_4} = \frac{0.150\ 0\ g}{20.00 \times 10^{-3}\ L \times 134.0\ g/mol \times \frac{1}{2}} = 0.111\ 9\ mol/L$$

由上述可知，选择基本单元的标准不同，所列计算式也不相同。总之，如取一个分子或离子作为基本单元，则在列出反应物 A、B 的物质的量 n_A 与 n_B 的数量关系时，要考虑反应式的系数比；若从反应式的系数出发，以分子或离子的某种特定组合为基本单元（如 $\frac{1}{2}H_2SO_4$，$\frac{1}{5}KMnO_4$），则 $n_A = n_B$。

教学单元二
化学分析检验数据处理

📋 **知识目标** ━━━━━━━━━━━━━━━━━━━━━━━━━●

1. 掌握误差的概念；

2. 理解准确度与精密度的关系；

3. 掌握有效数字的概念。

📋 **能力目标** ━━━━━━━━━━━━━━━━━━━━━━━━━━●

1. 能判断常见误差的类型；

2. 熟练记录有效数字，正确进行有效数字的取舍及计算。

一、定量分析的误差

定量分析的任务是测定试样中组分的含量。要求测定的结果必须达到一定的准确度，方能满足生产和科学研究的需要。显然，不准确的分析结果将会导致生产的损失、资源的浪费、科学上的错误结论。

在分析测试过程中，由于主、客观条件的限制，测定结果不可能和真实含量完全一致。即使是技术很熟练的人，用同一最完善的分析方法和最精密的仪器，对同一试样仔细地进行多次分析，其结果也不会完全一样，而是在一定范围内波动。这就说明分析过程客观上存在难以避免的误差。因此，人们在进行定量分析时，不仅要得到被测组分的含量，而且必须对分析结果进行评价，判断分析结果的可靠程度，检查产生误差的原因，以便采取相应措施减小误差，使分析结果尽量接近客观真实值。

（一）误差的表征——准确度与精密度

准确度是指分析结果与真实值相接近的程度。它们之间的差值越小，分析结果的准确度越高。

为了获得可靠的分析结果，在实际分析中，人们总是在相同条件下对试样平行测定几份，然后取平均值。如果几个数据比较接近，说明分析的精密度高。所谓精密度就是几次平行测定结果相互接近的程度。

准确度与精密度的关系：

（1）精密度是保证准确度的先决条件。精密度低，所测结果不可靠，就失去了衡量准确度的前提。对于教学实验来说，首先要重视测量数据的精密度。

（2）高的精密度不一定能保证高的准确度，但可以找出精密而不准确的原因，而后加以校正，就可以使测定结果既精密又准确。

（二）误差的表示

1. 误差

准确度的高低用误差来衡量。误差表示测定结果与真实值的差异。差值越小，误差就越小，则准确度越高。误差一般用绝对误差和相对误差来表示。绝对误差 E 表示测定值 x_i 与真实值 μ 之差，即

$$E = x_i - \mu$$

相对误差 RE 是指绝对误差在真实值中所占的百分率，即

$$RE = \frac{E}{\mu} \times 100\%$$

例 1 测定硫酸铵中氮含量为 20.84%，已知真实值为 20.82%，求其绝对误差和相对误差。

解： $E = 20.84\% - 20.82\% = +0.02\%$

$$RE = \frac{E}{\mu} \times 100\% = \frac{+0.02\%}{20.82\%} \times 100\% = +0.1\%$$

绝对误差和相对误差都有正值和负值，分别表示测定结果偏高或偏低。由于相对误差能反映绝对误差在真实值中所占的比例，故常用相对误差来表示或比较各种情况下测定结果的准确度。

2. 偏差

在实际分析工作中，真实值并不知道，一般是取多次平行测定值的算术平均值 $\bar{x}$ 来表示分析结果：

$$\bar{x} = \frac{x_1 + x_2 + \cdots + x_n}{n} = \frac{1}{n}\sum_{i=1}^{n} x_i$$

测定值与平均值之差称为偏差。偏差的大小可表示分析结果的精密度，偏差越小说明测定值的精密度越高。偏差也分为绝对偏差和相对偏差。

绝对偏差：$d_i = x_i - \bar{x}$

相对偏差：$Rd_i = \dfrac{d_i}{\bar{x}} \times 100\%$

3. 公差

误差与偏差具有不同的含义。前者以真实值为标准，后者以多次测定值的算术平均值为标准。严格地说，人们只能通过多次反复的测定，得到一个接近于真实值的平均结果，用这个平均值代替真实值来计算误差。显然，这样计算出来的误差还是有偏差。因此，生产部门并不强调误差与偏差的区别，而用公差范围来表示允许误差的大小。

公差是生产部门对分析结果允许误差的一种限量，又称为允许误差。如果分析结果超出允许的公差范围称为超差。遇到这种情况，则该项分析应该重做。公差范围的确定一般是根据生产需要和实际情况而制定的，所谓根据实际情况是指试样组成的复杂情况和所用分析方法的准确程度。对于每一项具体的分析工作，各主管部门都规定了具体的公差范围，例如钢铁中碳含量的公差范围，国家标准规定如表1-6所示。

表1-6　国家标准规定钢铁中碳含量的公差范围

碳含量范围（%）	0.101 ~ 0.250	0.251 ~ 0.500	0.501 ~ 1.000	1.001 ~ 2.000	2.001 ~ 3.000	3.001 ~ 4.00	> 4.00
公差（±%）	0.015	0.020	0.025	0.035	0.045	0.050	0.060

（三）误差的分类

误差按性质不同可分为两类：系统误差和随机误差。

1. 系统误差

这类误差是由某种固定的原因造成的，具有单向性，即正负、大小都有一定的规律性。当重复进行测定时系统误差会重复出现。若能找出原因，并设法加以校正，系统误差就可以消除，因此也称为可测误差。系统误差产生的主要原因是：

（1）方法误差 指分析方法本身所造成的误差。例如滴定分析中，由指示剂确定的滴定终点与化学计量点不完全符合以及副反应的发生等，都将系统地使测定结果偏高或偏低。

（2）仪器误差 主要是仪器本身不够准确或未经校准引起的。如天平、砝码和容量器皿刻度不准等，在使用过程中就会使测定结果产生误差。

（3）试剂误差 由于试剂不纯或蒸馏水中含有微量杂质引起的。

（4）操作误差 是由于操作人员的主观原因造成。例如，对终点颜色变化的判断，有人敏锐，有人迟钝；滴定管读数偏高或偏低等。

2. 随机误差

随机误差也称偶然误差。这类误差是由一些偶然和意外的原因产生的，如温度、压力等外界条件的突然变化，仪器性能的微小变化，操作稍有出入等。在同一条件下多次测定所出现的随机误差，其大小、正负不定，是非单向性的，因此不能用校正的方法来减少或避免此项误差。

（四）误差的减免

从误差的分类和各种误差产生的原因来看，只有熟练操作并尽可能地减少系统误差和随机误差，才能提高分析结果的准确度。减免误差的主要方法分述如下。

1. 对照试验

这是用来检验系统误差的有效方法。进行对照试验时，常用已知准确含量的标准试样（或标准溶液），按同样方法进行分析测定以资对照，也可以用不同的分析方法，或者由不同单位的化验人员分析同一试样来互相对照。

在生产中，常常在分析试样的同时，用同样的方法做标样分析，以检查操作是否正确和仪器是否正常，若分析标样的结果符合公差规定，说明操作与仪器均符合要求，试样的分析结果是可靠的。

2. 空白试验

在不加试样的情况下，按照试样的分析步骤和条件而进行的测定叫作空白试验。得到的结果称为"空白值"。从试样的分析结果中扣除空白值，就可以得到更接近于真实含量的分析结果。由试剂、蒸馏水、实验器皿和环境带入的杂质引起的系统误差，可以通过空白试验来校正。空白值过大时，必须采取提纯试剂或改用适当器皿等措施来降低。

3. 校准仪器

在日常分析工作中，因仪器出厂时已进行过校正，只要仪器保管妥善，一般可不必进行校准。在准确度要求较高的分析中，对所用的仪器如滴定管、移液管、容量瓶、天平砝码等，必须进行校准，求出校正值，并在计算结果时采用，以消除由仪器带来的误差。

4. 方法校正

某些分析方法的系统误差可用其他方法直接校正。例如，在重量分析中，使被测组分沉淀绝对完全是不可能的，必须采用其他方法对溶解损失进行校正。如在沉淀硅酸后，可再用比色法测定残留在滤液中的少量硅，在准确度要求高时，应将滤液中该组分的比色测定结果加到重量分析结果中去。

5. 进行多次平行测定

这是减小随机误差的有效方法。随机误差初看起来似乎没有规律性，但事实上偶然中包含有必然性。经过人们大量的实践发现，当测量次数很多时，随机误差的分布服从一般的统计规律：

（1）大小相近的正误差和负误差出现的机会相等，即绝对值相近而符号相反的误差是以同等的机会出现的；

（2）小误差出现的频率较高，而大误差出现的频率较低。

上述规律可用正态分布曲线图 1-1 表示，图中横坐标代表误差的大小，以标准偏差 σ 为单位，纵坐标代表误差发生的频率。

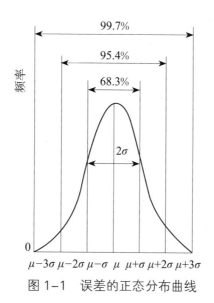

图 1-1 误差的正态分布曲线

可见，在消除系统误差的情况下，平行测定的次数越多，则测得值的算术平均值越接近真值。显然，无限多次测定的平均值 μ，在校正了系统误差的情况下，即为真值。

应该指出，由于操作者的过失，如器皿不洁净、溅失试液、读数或记录差错等而造成的错误结果，是不能通过上述方法减免的，因此必须严格遵守操作规程，认真仔细地进行实验。如发现错误测定结果，应予以剔除，不能用来计算平均值。

二、有效数字及其运算规则

（一）有效数字及位数

为了得到准确的分析结果，不仅要准确测量，而且还要正确地记录和计算，即记录的数字不仅表示数量的大小，而且要正确地反映测量的精确程度。例如，用通常的分析天平称得某物质的质量为 0.328 0 g，这一数值中，0.328 是准确的，最后一位数字"0"是可疑的，可能有上下一个单位的误差，即其真实质量在 0.328 0 g ± 0.000 1 g 范围内的某一数值。此时称量的绝对误差为 ± 0.000 1 g；相对误差为 $\dfrac{\pm\,0.000\,1\ \text{g}}{0.328\,0\ \text{g}} \times 100\% = \pm 0.03\%$。

若将上述称量结果记录为 0.328 g，则该物质的实际质量将为 0.328 g ± 0.001 g 范围内的某一数值，即绝对误差为 ± 0.001 g，而相对误差则为 ± 0.3%。可见，记录时在小数点后末尾多写一位或少写一位"0"数字，从数学角度看关系不大，但是记录所反映的测量精确程度无形中被夸大或缩小了 10 倍。所以在数据中代表一定量的每一个数字都是重要的。这种在分析工作中实际能测量得到的数字称为有效数字。其最末一位是估计的、可疑的，即使是"0"也得记上。

数字"0"在数据中具有双重意义。若作为普通数字使用，它就是有效数字；若它只起定位作用就不是有效数字。例如：

1.000 2 g   五位有效数字

0.500 0 g，27.03%，6.023×10^2 四位有效数字

0.032 0 g，1.06×10^{-5} 三位有效数字

0.007 4 g，0.30%   两位有效数字

0.6 g，0.007%   一位有效数字

在 1.000 2 g 中间的三个"0"，0.500 0 g 中后边的三个"0"，都是有效数字；在 0.007 4 g 中的"0"只起定位作用，不是有效数字；在 0.032 0 g 中，前面的"0"起定位作用，最后一位"0"是有效数字。同样，这些数字的最后一位都是不定数字。

因此，在记录测量数据和计算结果时，应根据所使用的测量仪器的准确度，使所保留的有效数字中，只有最后一位是估计的不定数字。

分析化学中常用的一些数值，有效数字位数如下：

试样的质量	0.437 0 g（分析天平称量）	四位有效数字
滴定剂体积	18.34 mL（滴定管读取）	四位有效数字
试剂体积	12 mL（量筒量取）	二位有效数字
标准溶液浓度	0.100 0 mol · L^{-1}	四位有效数字
被测组分含量	23.47%	四位有效数字
解离常数	$K_a = 1.8 \times 10^{-5}$	二位有效数字

| 配合物稳定常数 | $K_{MY}=1.00 \times 10^8$ | 三位有效数字 |
| pH 值 | 4.30，11.02 | 二位有效数字 |

（二）数字修约规则

通常的分析测定过程，往往包括几个测量环节，然后根据测量所得数据进行计算，最后求得分析结果。但是各个测量环节的测量精度不一定完全一致，因而几个测量数据的有效数字位数可能也不相同，在计算中要对多余的数字进行修约。我国的国家标准（GB）对数字修约有如下的规定：

1. 在拟舍弃的数字中，若左边的第一个数字小于 5（不包括 5）时，则舍去。例如，欲将 14.243 2 修约成三位，则从第 4 位开始的"432"就是拟舍弃的数字，其左边的第 1 个数字是"4"，小于 5，应舍去，所以修约为 14.2。

2. 在拟舍弃的数字中，若左边的第一个数字大于 5（不包括 5）时，则进一。例如 26.484 3 → 26.5。

3. 在拟舍弃的数字中，若左边的第一个数字等于 5，其右边的数字并非全部为零时，则进一。例如 1.050 1 → 1.1。

4. 在拟舍弃的数字中，若左边的第一个数字等于 5，其右边的数字皆为零时，所拟保留的末位数字若为奇数则进一，若为偶数（包括"0"）则不进。例如：

0.350 0 → 0.4   12.25 → 12.2

0.450 0 → 0.4   12.35 → 12.4

1.050 0 → 1.0   1 225.0 → 1.22×10^3

1 235.0 → 1.24×10^3

5. 在拟舍去的数字中，若为两位以上数字时，不得连续进行多次修约。例如，需将 215.454 6 修约成三位，应一次修约为 215。

若 215.454 6 → 215.455 → 215.46 → 215.5 → 216，则是不正确的。

（三）有效数字的运算规则

1. 加减法

当几个数据相加或相减时，它们的和或差只能保留一位可疑数字，应以小数点后位数最少（即绝对误差最大的）的数据为依据。例如，53.2、7.45和0.663 82 三数相加，若各数据都按有效数字规定记录，最后一位均为可疑数字，则53.2中的"2"已是可疑数字，因此三数相加后第一位小数已属可疑，它决定了总和的绝对误差，因此上述数据之和，不应写作61.313 82，而应修约为61.3。

2.乘除法

几个数据相乘除时，它们的积或商的有效数字位数的保留，应以其中相对误差最大的那个数据，即有效数字位数最少的那个数据为依据。

例如，$\dfrac{0.024\,3 \times 7.105 \times 70.06}{164.2} = ?$

因最后一位都是可疑数字，各数据的相对误差分别为：

$$\dfrac{\pm 0.000\,1}{0.024\,3} \times 100\% = \pm 0.4\%$$

$$\dfrac{\pm 0.001}{7.105} \times 100\% = \pm 0.01\%$$

$$\dfrac{\pm 0.01}{70.06} \times 100\% = \pm 0.01\%$$

$$\dfrac{\pm 0.1}{164.2} \times 100\% = \pm 0.06\%$$

可见0.024 3的相对误差最大（也是有效数字位数最少的数据），所以上列计算式的结果，只允许保留三位有效数字：

$$\dfrac{0.024\,3 \times 7.105 \times 70.06}{164.2} = 0.073\,7$$

在计算和取舍有效数字位数时，还要注意以下几点：

（1）若某一数据中第一位有效数字大于或等于8，则有效数字的位数可多算一位。如8.15可视为四位有效数字。

（2）在分析化学计算中，经常会遇到一些倍数、分数，如2、5、10及$\dfrac{1}{2}$、$\dfrac{1}{5}$、$\dfrac{1}{10}$等，这里的数字可视为足够准确，不考虑其有效数字位数，计算结果的有效数字位数，应由其他测量数据来决定。

（3）在计算过程中，为了提高计算结果的可靠性，可以暂时多保留一位有效数字位数，得到最后结果时，再根据数字修约的规则，弃去多余的数字。

（4）在分析化学计算中，对于各种化学平衡常数的计算，一般保留两位或三位有效数字。对于各种误差的计算，取一位有效数字即已足够，最多取两位。对于 pH 值的计算，通常只取一位或两位有效数字即可，如 pH 值为 3.4、7.5、10.48。

（5）定量分析的结果，对于高含量组分（例如 ≥ 10%），要求分析结果为四位有效数字；对于中含量组分（1% ~ 10%），要求有三位有效数字；对于微量组分（< 1%），一般只要求两位有效数字。通常以此为标准，报出分析结果。

使用计算器计算定量分析结果，特别要注意最后结果中有效数字的位数，应根据前述数字修约规则决定取舍，不可全部照抄计算器上显示的八位数字或十位数字。

三、定量分析结果的数据处理

在分析工作中，最后处理分析数据时，都要在校正系统误差和剔除由于明显原因而与其他测定结果相差甚远的那些错误测定结果后进行。

在例行分析中，一般对单个试样平行测定两次，两次测定结果差值如不超过双面公差（即 2 乘以公差），则取它们的平均值报出分析结果，如超过双面公差，则需重做。例如，水泥中 SiO_2 的测定，标准规定同一实验室内公差（允许误差）为 ±0.20%，如果实际测得的数据分别为 21.14% 及 21.58%，两次测定结果的差值为 0.44%，超过双面公差（2 × 0.20%），必须重新测定；如又进行一次测定结果为 21.16%，则应以 21.14% 和 21.16% 两次测定的平均值 21.15% 报出。

在常量分析实验中，一般对单个试样（试液）平行测定 2 ~ 3 次，此时测定结果可作如下简单处理：计算出相对平均偏差，若其相对平均偏差 ≤ 0.1%，可认为符合要求，取其平均值报出测定结果，否则需重做。

对要求非常准确的分析实验，如标准试样成分的测定，考核新拟定的分析方法,对同一试样,往往由于实验室条件不同或操作者不同,做出的一系列测定数据会有差异,因此,需要用统计的方法进行结果处理。首先,把数据加以整理,剔除由于明显原因而与其他测定结果相差甚远的错误数据,对于一些精密度似乎不甚高的可疑数据,则按本节所述的 Q 检验法(或根据实验要求,按照其他有关规则)进行取舍,然后,计算 n 次测定数据的平均值 $(\bar{x})$ 与标准偏差 (S),有了 $\bar{x}$、S、n 这三个数据,即可表示出测定数据的集中趋势和分散情况,就可进一步对总体平均值可能存在的区间作出估计。

(一)数据集中趋势的表示方法

根据有限次测定数据来估计真值,通常采用算术平均值或中位数来表示数据分布的集中趋势。

1.算术平均值 $\bar{x}$

对某试样进行 n 次平行测定,测定数据为 x_1,x_2,$\cdots x_n$,则

$$\bar{x} = \frac{1}{n}(x_1 + x_2 + \cdots + x_n) = \frac{1}{n}\sum_{i=1}^{n} x_i$$

根据随机误差的分布特性,绝对值相等的正、负误差出现的概率相等,所以算术平均值是真值的最佳估计值。当测定次数无限增多时,所得的平均值即为总体平均值 μ。

$$\mu = \lim_{n \to \infty} \frac{1}{n}\sum_{i=1}^{n} x_i$$

2.中位数

中位数是指一组平行测定值按由小到大的顺序排列时的中间值。当测定次数 n 为奇数时,位于序列正中间的那个数值,就是中位数;当测定次数 n 为偶数时,中位数为正中间相邻的两个测定值的平均值。

中位数不受离群值大小的影响,但用以表示集中趋势不如平均值好,通常只有当平行测定次数较少而又有离群较远的可疑值时,才用中位数来代表分析结果。

(二)数据分散程度的表示方法

随机误差的存在影响测量的精密度,通常采用平均偏差或标准偏差来表示数据的分散程度。

1. 平均偏差 $\bar{d}$

计算平均偏差 $\bar{d}$ 时，先计算各次测定对于平均值的偏差：

$$d_i = x_i - \bar{x} \, (i = 1, \, 2, \, \cdots n)$$

然后求其绝对值之和的平均值：

$$\bar{d} = \frac{1}{n} \sum_{i=1}^{n} \left| d_i \right| = \frac{1}{n} \sum_{i=1}^{n} \left| x_i - \bar{x} \right|$$

相对平均偏差则是：

$$\frac{\bar{d}}{\bar{x}} \times 100\%$$

2. 标准偏差

标准偏差又称均方根偏差。当测定次数趋于无穷大时，总体标准偏差的表达式为：

$$\sigma = \sqrt{\frac{\sum_{i=1}^{n} (x_i - \mu)^2}{n}}$$

式中 μ 为总体平均值，在校正系统误差的情况下 μ 即为真值。

在一般的分析工作中，有限测定次数时的标准偏差 S 表达式为：

$$S = \sqrt{\frac{\sum_{i=1}^{n} (x_i - \bar{x})^2}{n-1}}$$

相对标准偏差也称变异系数（CV），其计算式为：

$$CV = \left(\frac{S}{\bar{x}} \right) \times 100\%$$

用标准偏差表示精密度比用算术平均偏差更合理，因为将单次测定值的偏差平方之后，较大的偏差能显著地反映出来，故能更好地反映数据的分散程度。例如，有甲、乙两组数据，其各次测定的偏差分别为：

甲组：+0.11，−0.73[*]，+0.24，+0.51[*]，−0.14，0.00，+0.30，−0.21

$n_1 = 8$ $\bar{d_1} = 0.28$ $S_1 = 0.38$

乙组：+0.18，+0.26，−0.25，−0.37，+0.32，−0.28，+0.31，−0.27

$n_2 = 8$ $\bar{d_2} = 0.28$ $S_2 = 0.29$

甲、乙两组数据的平均偏差相同，但可以明显地看出甲组数据较为分散，因其中有两个较大的偏差（标有 * 号者），因此用平均偏差反映不出这两组数据的好坏。但是，如果用标准偏差来表示时，甲组数据的标准偏差明显偏大，因而精密度较低。

例 2 分析铁矿中铁的含量，得如下数据：37.45%，37.20%，37.50%，37.30%，37.25%。计算该组数据的平均值、平均偏差、标准偏差和变异系数。

解：

$$\overline{x} = \frac{(37.45 + 37.20 + 37.50 + 37.30 + 37.25)\%}{5} = 37.34\%$$

各次测量值的偏差分别是：

$$d_1 = 0.11\%, \quad d_2 = -0.14\%, \quad d_3 = +0.16\%, \quad d_4 = +0.04\%, \quad d_5 = -0.09\%$$

$$\overline{d} = \frac{1}{n} \sum_{i=1}^{n} |d_i| = \frac{(0.11 + 0.14 + 0.04 + 0.16 + 0.09)\%}{5} = 0.11\%$$

$$S = \sqrt{\frac{\sum_{i=1}^{n} d^2}{n-1}} = \sqrt{\frac{(0.11\%)^2 + (0.14\%)^2 + (0.04\%)^2 + (0.16\%)^2 + (0.09\%)^2}{5-1}}$$
$$= 0.13\%$$

$$CV = \left(\frac{S}{\overline{x}}\right) \times 100\% = \frac{0.13\%}{37.34\%} \times 100\% = 0.35\%$$

3. 平均值的标准偏差

一系列测定（每次做 n 个平行测定）的平均值 $\overline{x}_1$，$\overline{x}_2$，$\overline{x}_3$，…，$\overline{x}_n$，其波动情况也遵从正态分布，这时应用平均值的标准偏差来表示平均值的精密度。统计学已证明，对有限次测定，其平均值的标准偏差 $S_x = \dfrac{S}{\sqrt{n}}$。

上式表明，平均值的标准偏差与测定次数的平方根成反比，增加测定次数可以提高测定的精密度，但实际上增加测定次数所取得的效果是有限的。当测定次数 $n > 10$ 时，变化已很小，实际工作中测定次数无须过多，通常 4～6 次已足够了。

（三）可疑数据的取舍

在重复多次测定时，如出现特大或特小的离群值，亦即可疑值时，又不是由明显的过失造成的，就要根据随机误差分布规律决定取舍。取舍方法很多，下面介绍两种常用的检验法。

1. Q 检验法

当测定次数 $3 \leqslant n \leqslant 10$ 时，根据所要求的置信度，按照下列步骤，检验可疑数据是否应弃去。

（1）将各数据按递增的顺序排列：x_1，x_2，$\cdots x_n$；

（2）求出最大值与最小值之差 $x_n - x_1$；

（3）求出可疑数据与其最邻近数据之间的差 $x_n - x_{n-1}$ 或 $x_2 - x_1$；

（4）求出 $Q = \dfrac{(x_n - x_{n-1})}{(x_n - x_1)}$ 或 $Q = \dfrac{(x_2 - x_1)}{(x_n - x_1)}$；

（5）根据测定次数 n 和要求的置信度，查表 1-7；

（6）将 Q 与 $Q_表$ 相比，若 $Q > Q_表$，则舍去可疑值，否则应予保留。

表 1-7　舍弃可疑数据的 Q 值表（置信度 90% 和 95%）

测定次数	3	4	5	6	7	8	9	10
$Q_{0.90}$	0.94	0.76	0.64	0.56	0.51	0.47	0.44	0.41
$Q_{0.95}$	1.53	1.05	0.86	0.76	0.69	0.64	0.60	0.58

在三个以上数据中，需要对一个以上的数据用 Q 检验法决定取舍时，首先检查相差较大的数。

例 3　对轴承合金中含锑量进行了 10 次测定，得到下列结果：15.48%，15.51%，15.52%，15.53%，15.52%，15.56%，15.53%，15.54%，15.68%，15.56%，试用 Q 检验法判断有无可疑值需弃去（置信度为 90%）。

解：（1）首先将各数按递增顺序排列：

15.48%，15.51%，15.52%，15.52%，15.53%，15.53%，15.54%，15.56%，15.56%，15.68%

（2）求出最大值与最小值之差：

$$x_n - x_1 = 15.68\% - 15.48\% = 0.20\%$$

（3）求出可疑数据与最邻近数据之差：

$$x_n - x_{n-1} = 15.68\% - 15.56\% = 0.12\%$$

（4）计算 Q 值：

$$Q = \frac{(x_n - x_{n-1})}{(x_n - x_1)} = \frac{0.12\%}{0.20\%} = 0.60$$

（5）查表 1-7，$n = 10$ 时，$Q_\text{表} = 0.41$，$Q > Q_\text{表}$，所以最高值 15.68% 必须弃去。此时，分析结果的范围为 15.48% ~ 15.56%，$n = 9$

同样，可以检查最低值 15.48%：

$$Q = \frac{(15.51\% - 15.48\%)}{(15.56\% - 15.48\%)} = 0.38$$

查表 1-7，$n = 9$ 时，$Q_\text{表} = 0.44$，$Q < Q_\text{表}$，故最低值 15.48% 应予保留。

2.4 $\bar{d}$ 检验法

对于一些实验数据也可用 4$\bar{d}$ 检验法判断可疑值的取舍。首先，求出可疑值除外的其余数据的平均值 $\bar{x}$ 和平均偏差 $\bar{d}$，然后，将可疑值与平均值进行比较，如绝对差值大于 4$\bar{d}$，则将可疑值舍去，反之保留。

例 4 用 EDTA 标准溶液滴定某试液中的 Zn^{2+}，进行了四次平行测定，消耗 EDTA 标准溶液的体积（mL）分别为：26.32，26.40，26.44，26.42，试问 26.32 这个数据是否保留？

解： 首先不计可疑值 26.32，求得其余数据的平均值 $\bar{x}$ 和平均偏差 $\bar{d}$ 为：

$$\bar{x} = 26.42 \qquad \bar{d} = 0.01$$

可疑值与平均值的绝对差值为：

$$|26.32 - 26.42| = 0.10 > 4\bar{d}(0.04)$$

故 26.32 这一数据应舍去。

用 4$\bar{d}$ 法处理可疑数据的取舍是存有较大误差的，但是由于这种方法比较简单，不必查表，故至今仍为人们所采用。显然，这种方法只能用于处理一些要求不高的实验数据。

四、定量分析结果的表示方法

分析结果通常表示为试样中某组分的相对量，这就需要考虑组分的表示形式和含量表示方法。

某种组分在试样中有一定的存在形式，如试样中的氮，可能以铵盐（NH_4^+）、硝酸盐（NO_3^-）、亚硝酸盐（NO_2^-）等形式存在，按理应以其本来的存在形式表示氮的测定结果。但有时组分的存在形式是未知的，或同时以几种形式存在，而测定时难以区别其各种存在形式，这时，结果的表示形式就不一定与存在形式一致。结果的表示形式主要从实际工作的要求和测定方法原理出发来考虑，某些行业也有特殊的或习惯上常用的表示方法，经常采用的表示方法有：

以元素表示：常用于合金和矿物的分析。

以离子表示：常用于电解质溶液的分析。

以氧化物表示：常用于含氧的复杂试样。在这类试样的全分析中，酸性氧化物、碱性氧化物和水（结晶水和结构水）的质量分数总和应是100%，故用这种表示方法有利于核对分析结果。

以特殊形式表示：有些测定方法是按专业上的需要而拟定的，只能用特殊的形式表示结果。例如灼烧损失，表示在一定温度下灼烧试样所损失的质量，包括了全部挥发性成分和分解了的有机物；又如监测水被污染的状况用"化学耗氧量（简称COD）"表示，水中有机物由于微生物作用而进行氧化分解所消耗的溶解氧，作为水中有机污染物含量的指标。

分析结果的表示方法，常用的是被测组分的相对量，如质量分数（w_B）、体积分数（φ_B）和质量浓度（ρ_B）。质量单位可以用 g，也可以用它的分数单位如 mg、µg；体积单位可以用 L，也可以用它的分数单位如 mL、µL。

过去对微量或痕量组分的含量常表示为 ppm 和 ppb，其含义分别是百万分之一（10^{-6}）和十亿分之一（10^{-9}），现国际单位制（SI）和我国的法定计量单位中已废除这种表示方法，而应分别表示为 mg/kg 或 mg/L 以及 µg/kg 和 µg/L。

知识拓展

分析化学中"量"的概念小故事

　　分析化学中"量"离不开数字的记录和数字的计算，是分析化学的核心内容。20 世纪 30 年代，少年有志的卢嘉锡考上了厦门大学。有一天，在物理化学课上，颇有声望的区嘉炜教授在黑板上出了道题，让同学们自告奋勇回答。这道题太难了，全班同学面面相觑，没人敢举手。区教授正准备讲解，这时卢嘉锡站了起来，很有礼貌地说："老师，让我试试吧！"他走到黑板前，只用了几分钟，就把题做出来了。区教授看了看，严肃地说："小数点的位置点错了，得 67 分。"卢嘉锡没想到只错了个小数点，就扣了那么多分，很不服气。下课后，他找到区教授，脸都急红了。区教授望着这个 17 岁的大学生，一股怜爱之情涌上心头。卢嘉锡是他心目中的高材生，每次考试几乎都是满分。但区教授考虑再三，还是把爱藏在了心底，意味深长地说："你可不能小看这个小数点。假使你搞工程设计，差一个小数点，一座桥梁就有可能塌掉。"卢嘉锡羞愧地点了点头。从此，他把区教授的教诲牢记心头，不管干什么，都非常注意事物的量。

模块二

常用分析仪器

知识目标

1. 掌握滴定管、容量瓶和移液管的标准使用及校正方法；
2. 掌握电子分析天平使用方法；
3. 掌握溶液配制的方法和步骤。

能力目标

1. 能规范使用滴定管、容量瓶和移液管等容量分析仪器；
2. 能正确校正滴定管、容量瓶和移液管；
3. 能根据称量样品的性质、称量的要求等选择合适的称量方法；
4. 能根据实验要求准确配制一定浓度的溶液。

素质目标

1. 培养严谨求实的科学态度；
2. 培养建设生态文明意识，提升绿色化学理念。

教学单元一

容量仪器使用及维护

📋 **知识目标** --●

1. 掌握不同玻璃仪器的洗涤剂的选择依据；
2. 掌握滴定仪器操作过程中的误差来源和避免措施。

📋 **能力目标** --●

1. 学会滴定分析仪器的检漏、洗涤、干燥；
2. 学会滴定管排气泡，学会滴定操作；
3. 学会正确的选择和使用移液管、吸量管；
4. 能正确读数。

一、基础知识

在分析化学实验中，要求准确测量体积时，一般使用滴定管、移液管、吸量管、容量瓶。这些仪器在制造时都经过校准并标上刻度，但这些刻度有两种含义：一种是排出，一种是装盛。此外，校正时还标明温度。装盛体积和排出体积是不同的，容量瓶的刻度是指装盛体积，而移液管、吸量管、滴定管的刻度是排出体积。

分析化学实验中要求使用洁净的器皿，因此，在使用前必须将器皿充分洗净，然后使用合理的方法进行干燥。

（一）器皿的洗涤

常用的洗涤方法有：

1. 用水刷洗

用水和毛刷洗涤除去器皿上的污渍和其他不溶性的和可溶性的杂质。

2. 用肥皂、合成洗涤剂洗涤

洗涤时先将器皿用水湿润，再用毛刷蘸少量洗涤剂，将仪器内外洗刷一遍，然后用水边冲边刷洗，直至洗净为止。

3. 用铬酸洗液（简称"洗液"）洗涤

洗液的配制：将 8 g 重铬酸钾用少量水润湿，慢慢加入 180 mL 浓硫酸，搅拌以加速溶解。冷却后贮存于磨口试剂瓶中。将被洗涤器皿尽量保持干燥，倒少许洗液于器皿中，转动器皿使其内壁被洗液浸润（必要时可用洗液浸泡），然后将洗液倒回原瓶内以备再用（若洗液的颜色变绿，则另作处理）。再用水冲洗器皿内残留的洗液，直至洗净为止。如用热的洗涤液洗涤，去污能力更强。

洗液主要用于洗涤被无机物玷污的器皿，它对有机物和油污的去污能力也较强，常用来洗涤一些口小、管细等形状的器皿，如吸量管、容量瓶等。

洗液具有强酸性、强氧化性，对衣服、皮肤、桌面等有腐蚀作用，使用时要特别小心。另外六价铬对人体有害，污染环境，应尽量少用。已还原成绿色铬酸洗液，可以加入固体 $KMnO_4$ 使其再生。这样，实际消耗的是 $KMnO_4$，可以减少铬对环境的污染。

4. 用盐酸 – 乙醇洗液洗涤

此洗液将化学纯的盐酸和乙醇，按照 1∶2 的体积比混合，主要用于洗涤被染色的吸收池、比色管、吸量管等。

不论用上述哪种方法洗涤器皿，最后都必须用自来水冲洗，再用蒸馏水或去离子水荡洗三次。洗净的器皿，放去水后内壁应留下均匀一薄层水，若壁上挂着水珠，说明没有洗净，必须重洗。

（二）器皿的干燥

1. 在不加热的情况下干燥器皿

将洗净的器皿倒置于干净的实验柜内或容器架上自然晾干；或用吹气机将器皿吹干；还可以在器皿内加入少量酒精，再将其倾斜转动，壁上的水即与酒精混合，然后倾出酒精和水，留在器皿内的酒精快速挥发，而使器皿干燥。

2. 用加热的方法干燥器皿

洗净的玻璃器皿可以放入恒温箱内烘干，应平放或器皿口向下放；烧杯或蒸发皿可在石棉网上用火烤干。有刻度的量器不能用加热的方法干燥，因为加热会影响这些容器的精密度，还可能造成破裂。

二、常用滴定仪器

（一）滴定管

滴定管是可放出不固定量液体的量出式玻璃量器，主要用于滴定分析中对滴定剂体积的测量。

滴定管大致有以下几种类型：普通的具塞和无塞滴定管、三通活塞自动定零位滴定管、侧边活塞自动定零位滴定管、侧边三通活塞自动定零位滴定管等。滴定管的全容量最小的为 1 mL，最大的为 100 mL，常用的是 10 mL、25 mL、50 mL。

自动定零位滴定管（图 2-1）是将贮液瓶与具塞滴定管通过磨口塞连接在一起的滴定装置，加液方便，可自动调零点，适用于常规分析中的经常性滴定操作。使用时用打气球向贮液瓶内加压，使瓶中的标准溶液压入滴定管中，滴定管顶端熔接了一个回液尖嘴，使零线以上的溶液自动流回贮液瓶而调定零点。这种滴定管结构比较复杂，清洗和更换溶液都比较麻烦，价

图 2-1　侧边活塞自动定零位滴定管图

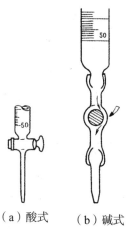

（a）酸式　　（b）碱式

图 2-2　普通滴定管

格较贵，因此使用并不普遍。在教学和科研中广泛使用的是普通滴定管（图 2-2），在此主要对其进行介绍。

1.滴定管的准备

新拿到一支滴定管，用前应先作一些初步检查，如酸式管旋塞是否匹配，碱式管的乳胶管孔径与玻璃球大小是否合适，乳胶管是否有孔洞、裂纹和硬化，滴定管是否完好无损等。初步检查合格后，进行下列准备工作：

（1）洗涤滴定管

可用自来水冲洗或用细长的刷子蘸洗衣粉液洗刷，但不能用去污粉。去污粉的细颗粒很容易黏附在管壁上，不易清洗除去，也不要用铁丝做的毛刷刷洗，因为容易划伤器壁，引起容量的变化，并且划伤的表面更易藏污垢。如果经过刷洗后内壁仍有油脂（主要来自旋塞润滑剂）或其他能用铬酸洗液洗去的污垢，可用铬酸洗液荡洗或浸泡。对于酸式滴定管，可直接在管中加入洗液浸泡，而碱式滴定管则要先拔去乳胶管，换上一小段塞有短玻璃棒的橡皮管，然后用洗液浸泡。总之，为了尽快而方便地洗净滴定管，可根据脏物的性质、弄脏的程度，选择合适的洗涤剂和洗涤方法。无论用哪种方法洗，最后都要用自来水充分洗涤，继而用蒸馏水荡洗三次。洗净的滴定管在水流去后内壁应均匀地润上一薄层水，若管壁上还挂有水珠，说明未洗净，必须重洗。

（2）涂凡士林

使用酸式滴定管时，为使旋塞旋转灵活而又不致漏水，一般需将旋塞涂一薄层凡士林。其方法是将滴定管平放在实验台上，取下旋塞芯，用吸水纸将旋塞芯和旋塞槽内擦干。然后分别在旋塞的大头表面上和旋塞槽小口内壁沿圆周均匀地涂一层薄薄的凡士林（也可将凡士林用同样的方法涂在旋塞芯的两头），在旋塞孔的两侧，小心地涂上一细薄层，以免堵塞旋塞孔。将涂好凡士林的旋塞芯插进旋塞槽内，向同一方向旋转旋塞，直到旋塞芯与旋塞槽接触处全部呈透明而没有纹路为止。（图 2-3）涂凡士林要适量，若过多，可能会堵塞旋塞孔；若过少，则起不到润滑的作用，甚至造成漏水。把装好旋塞的滴定管平放在桌面上，让旋塞的小头朝上，然后在小头上套一个小橡皮圈（可以从橡皮管上剪下一小圈）以防旋塞脱落。在涂凡士林过程中特别要小心，切莫让旋塞芯跌落在地上，造成整支滴定管报废。

（a）旋塞槽的擦法　　　（b）旋塞涂油法　　　（c）旋塞的旋转法

图 2-3　旋塞涂凡士林

（3）检漏

检漏的方法是将滴定管用水充满至"0"刻度附近，然后夹在滴定管夹上，用吸水纸将滴定管外擦干，静置 1 min，检查管尖或旋塞周围有无水渗出，然后将旋塞转动 180°，重新检查。如有漏水，必须重新涂油。

滴定管检漏

（4）滴定剂溶液的加入

加入滴定剂溶液前，先用蒸馏水荡洗滴定管三次，每次约 10 mL，荡洗时，两手平端滴定管，慢慢旋转，让水遍及全管内壁，然后从两端放出。再用待装溶液荡洗三次，用量依次为 10、5、5 mL。荡洗方法与用蒸馏水荡洗时相同。荡洗完毕，装入滴定液至"0"刻度以上，检查旋塞附近（或橡皮管内）及管端有无气泡。如有气泡，应将其排出。排出气泡时，对酸式滴定管是用右手拿住滴定管使它倾斜约 30°，左手迅速打开旋塞，使溶液冲下将气泡赶掉；对碱式滴定管可将橡皮管向上弯曲，捏住玻璃珠的右上方，气泡即被溶液压出，如图 2-4 所示。

酸式滴定管排气泡

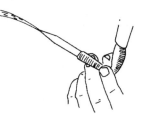

图 2-4　碱式滴定管中气泡的赶出

2.滴定管的操作方法

滴定管应垂直地夹在滴定管架上。使用酸式滴定管滴定时，左手无名指和小指弯向手心，用其余三指控制旋塞旋转（图2-5）。不要将旋塞向外顶以免漏液；也不要太向里紧扣，以免使旋塞转动不灵。

使用碱式滴定管时，左手无名指和中指夹住尖嘴，拇指与食指向侧面挤压玻璃珠所在部位稍上处的乳胶管（图2-6），使溶液从缝隙处流出。但要注意不能使玻璃珠上下移动，更不能捏玻璃珠下部的乳胶管。

图 2-5　酸式滴定管的操作　　图 2-6　碱式滴定管的操作

无论用哪种滴定管，都必须掌握三种加液方法：①逐滴滴加；②加1滴；③加半滴。

3.滴定方法

滴定操作一般在锥形瓶内进行（图2-5、图2-6）。

在锥形瓶中进行滴定时，右手前三指拿住瓶颈，瓶底离瓷板约2~3 cm。将滴定管下端伸入瓶口约1 cm。左手如前述方法操作滴定管，边摇动锥形瓶，边滴加溶液。滴定时应注意以下几点：

（1）摇瓶时，转动腕关节，使溶液向同一方向旋转（左旋、右旋均可），但勿使瓶口接触滴定管出口尖嘴。

（2）滴定时，左手不能离开旋塞任其自流。

（3）眼睛应注意观察溶液颜色的变化，而不要注视滴定管的液面。

滴定操作

（4）溶液应逐滴滴加，不要流成直线。接近终点时，应每加1滴，摇几下，直至加半滴使溶液出现明显的颜色变化。加半滴溶液的方法是先使溶液悬挂在出口尖嘴上，以锥形瓶口内壁接触液滴，再用少量蒸馏水吹洗瓶壁。

半滴操作

（5）用碱式滴定管滴加半滴溶液时，应放开食指与拇指，使悬挂的半滴溶液靠入瓶口内，再放开无名指与中指。

（6）滴定开始前，先把管内液面的位置调节到刻度"0"。

（7）滴定结束后，弃去滴定管内剩余的溶液，随即洗净滴定管，以备下次再用。

若在烧杯中进行滴定，烧杯应放在白瓷板上，将滴定管出口尖嘴伸入烧杯约1 cm，滴定管应放在左后方，但不要靠杯壁，右手持玻棒搅动溶液。加半滴溶液时，用玻棒末端承接悬挂的半滴溶液，放入溶液中搅拌。注意玻棒只能接触液滴，不能接触管尖。

溴酸钾法、碘量法（滴定碘法）等需在碘量瓶中进行反应和滴定。碘量瓶是带有磨口玻璃塞和水槽的锥形瓶（图2-7），喇叭形瓶口与瓶塞柄之间形成一圈水槽，槽中加纯水可形成水封，防止瓶中溶液反应生成的气体（Br_2、I_2等）逸失。反应一定时间后，打开瓶塞水即流下并可冲洗瓶塞和瓶壁，接着进行滴定。

4. 滴定管的读数

读数应遵照下列原则：

（1）读数时，可将滴定管夹在滴定管架上，也可以用手指夹持滴定管上部无刻度处。不管用哪一种方法读数，均应使滴定管保持垂直状态。

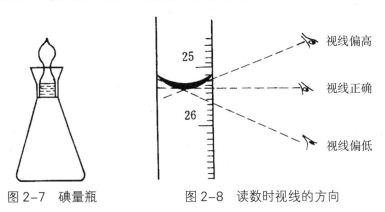

图 2-7　碘量瓶　　　　图 2-8　读数时视线的方向

（2）读数时，视线应与液体凹液面最低处相切。视线高于液面，读数会偏低；反之，读数会偏高（图2-8）。

（3）对于无色或浅色溶液，应该读取弯月面下缘的最低点。溶液颜色太深而不能观察到弯月面时，可读两侧最高点。初读数与终读数应取同一标准。

（4）读数应估计到最小分度的 $\frac{1}{10}$。对于常量滴定管，读到小数后第二位，即估计到 0.01 mL。

（二）移液管

移液管是用于准确移取一定体积溶液的量出式玻璃量器，正规名称是"单标线吸量管"，习惯称为移液管。它的中间有一膨大部分（图 2-9），管颈上部刻有一标线，用来控制所吸取溶液的体积。移液管的容积单位为毫升（mL），其容量为在 20℃时按规定方式排空后所流出纯水的体积。

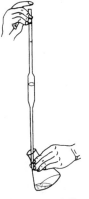

图 2-9 移液管的操作

移液管的正确使用方法如下：

1. 用铬酸洗液将其洗净，使其内壁及下端的外壁均不挂水珠。用滤纸片将流液口内外残留的水擦掉。

2. 移取溶液之前，先用欲移取的溶液荡洗三次。方法是：用洗净并烘干的小烧杯倒出一部分欲移取的溶液，用移液管吸取溶液 5 ~ 10 mL，立即用右手食指按住管口（尽量勿使溶液回流，以免稀释），将管横过来，用两手的拇指及食指分别拿住移液管的两端，转动移液管并使溶液布满全管内壁，当溶液流至距上口 2 ~ 3 cm 时，将管直立，使溶液由尖嘴（流液口）放出，弃去。

3. 用移液管自容量瓶中移取溶液时，右手拇指及中指拿住管颈刻线以上的地方（后面二指依次靠拢中指），将移液管插入容量瓶内液面以下 1 ~ 2 cm 深度。不要插入太深，以免外壁沾带溶液过多；也不要插入太浅，以免液面下降时吸空。左手拿吸耳球，排出空气后紧按在移液管口上，借吸力使液面慢慢上升，移液管应随容量瓶中液面的下降而下降。当管中液面上升至刻线以上

移液管定容及放液

移液管润洗

移液管洗涤

时，迅速用食指堵住管口（食指最好是潮而不湿），用滤纸擦去移液管）外部的溶液，将移液管的流液口靠着接收器的内壁，左手拿着接收器，并使其倾斜约 30°。稍松手指，用拇指及中指轻轻捻转管身，使液面缓缓下降，直至调定零点。按紧食指，使溶液不再流出，将移液管移入准备接受溶液的容器中，仍使其流液口接触倾斜的器壁。松开食指，使溶液自由地沿壁流下，待下降的液面静止后，再等待 15 s，然后拿出移液管。

注意：在调整零点和排放溶液过程中，移液管都要保持垂直，其流液口要接触倾斜的器壁（不可接触下面的溶液）并保持不动；等待 15 s 后，流液口内残留的一点溶液绝对不可用外力使其被震出或吹出，不可用外力强使其流出，因校准移液管时，已考虑了尖端内壁处保留溶液的体积。但在管身上标有"吹""快"或"B"字的，可用吸耳球吹出，不允许保留。移液管用完应放在管架上，不要随便放在实验台上，尤其要防止管颈下端被玷污。

如需吸取 1.00 mL、2.00 mL、5.00 mL、10.00 mL、25.00 mL 等整数体积的溶液，用相应大小的移液管。量取小体积且不是整数时，一般用吸量管。

（三）吸量管

吸量管的全称是"分度吸量管"，是带有分度的量出式量器，用于移取非固定量的溶液。吸量管的规格有 0.1 mL、0.2 mL、0.5 mL、1 mL、2 mL、5 mL 及 10 mL 等，根据量取的溶液体积选择合适的吸量管很重要，刻度吸量管的总容量最好等于或稍大于最大取液量。例如，吸取 1.5 mL 溶液选用 2 mL 吸量管，吸取 2.5 mL 溶液选用 5 mL 吸量管。临用前一定要看清容量和刻度。有的吸量管会有一个"吹"字，表明该吸量管放完溶液后需要用洗耳球吹下管嘴部分的液体。

吸量管的使用方法与移液管大致相同，这里只强调几点：

1. 由于吸量管的容量精度低于移液管，所以在移取 2 mL 以上固定量溶液时，应尽可能使用移液管。

2. 使用吸量管时，尽量在最高标线调整零点。

3. 吸量管的种类较多，要根据所做实验的具体情况，合理地选用吸量管。

（四）容量瓶

容量瓶是一种细颈梨形的平底玻璃瓶，带有磨口玻璃塞或塑料塞，可用橡皮筋将塞子系在容量瓶的颈上。颈上有标度刻线，表示在所指温度，一般为20℃时，液体充满至标线时的准确容积。

容量瓶主要用于配置准确浓度的溶液或定量稀释溶液，故常和分析天平、移液管配合使用。

容量瓶的精度级别分为A级和B级。国家规定的容量允差见表2-1。

表2-1　常用容量瓶的容量允差

标称容量 /mL		5	10	25	50	100	200	250	500	1 000	2 000
容量允差 /mL （±）	A	0.02	0.02	0.03	0.05	0.10	0.15	0.15	0.25	0.40	0.60
	B	0.04	0.04	0.06	0.10	0.20	0.30	0.30	0.50	0.80	1.20

1. 容量瓶的使用

（1）检漏

容量瓶使用前应检查是否漏水，检查方法如下：注入自来水至标线附近，盖好瓶塞，将瓶外水珠拭净，用左手食指按住瓶塞，其余手指拿住瓶颈标线以上部分，用右手指尖托住瓶底边缘，将瓶倒立2 min，观察瓶塞周围是否有水渗出（可用滤纸检查）。如果不漏，则将瓶直立，再把瓶塞旋转180°，倒立2 min。若不漏水，即可使用。配套使用的瓶和塞，可用橡皮筋或细绳将瓶塞系在瓶颈上。（图2-10）

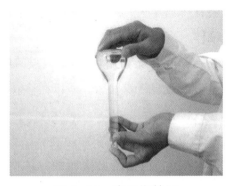

图2-10　容量瓶检漏

（2）洗涤

洗涤容量瓶的原则与洗涤滴定管的原则相同，也是尽可能只用自来水冲洗，必要时才用洗液浸洗。洗净的容量瓶内壁应被蒸馏水均匀润湿，不挂水珠。

2. 溶液的配制

用容量瓶配制标准溶液或分析试液时，最常用的方法是将待溶固体称出置于小烧杯中，加水或其他溶剂将固体溶解，然后将溶液定量转入容量瓶中。定量转移溶液时，左手拿玻璃棒，右手拿烧杯，使烧杯嘴紧靠玻璃棒，而玻璃棒则悬空伸入容量瓶口中，棒的下端应靠在瓶颈内壁上，使溶液沿玻璃棒和内壁流入容量瓶中。烧杯中溶液流完后，玻璃棒和烧杯稍微向上提起，并使烧杯直立，再将玻璃棒放回烧杯中。然后，用洗瓶淋洗玻璃棒和烧杯内壁，再将溶液转入容量瓶中，见图2-11。淋洗2～3次。当溶剂加之容量瓶体积2/3处，平摇容量瓶使溶液初步混匀，继续加溶剂至刻度线以下0.5 cm，右手拇指和食指拿着容量瓶刻度线以上部分，使容量瓶自然下垂，左手拿胶头滴管，眼睛平视刻度线和凹液面，继续滴加溶剂至凹液面正好和刻度线相切，见图2-12。盖上瓶塞，食指紧扣瓶塞，将容量瓶倒立摇匀，摇匀方法是一倒三摇，重复5～7次。

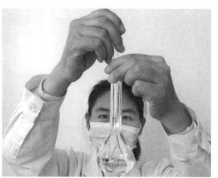

图 2-11　转移溶液的操作　　　　图 2-12　定容的操作

3. 稀释溶液

用移液管移取一定体积的溶液于容量瓶中，加水至标度刻线。按前述方法混匀溶液。稀释溶液时，要注意以下几点：

（1）不宜长期保存试剂溶液

如配好的溶液需作保存时，应转移至磨口试剂瓶中，注明溶液的名称、浓度、配制人、配置日期等。

（2）使用完毕应立即用水冲洗干净

如长期不用，容量瓶磨口处应洗净擦干，并用纸片将磨口隔开。容量瓶不得在烘箱中烘烤，也不能在电炉等加热器上直接加热。

教学单元二

分析天平的使用与维护

📋 知识目标 --•

1. 掌握电子天平的分类;
2. 掌握电子天平的使用规程,了解分析天平的简单原理及操作方法。

📋 能力目标 --•

1. 学会电子天平的基本操作;
2. 学会常用称量方法,如直接称量法、固定质量称量法和递减称量法;
3. 能准确、整齐、简明地记录实验原始数据。

电子天平是最新一代的天平,是根据电磁力平衡原理,直接称量,全量程不需砝码。放上称量物后,在几秒钟内即达到平衡,显示读数,称量速度快,精度高。电子天平具有使用寿命长、性能稳定、操作简便和灵敏度高的特点。此外,电子天平还具有自动校正、自动去皮、超载指示、故障报警等功能,以及质量电信号输出功能,且可与打印机、计算机联用,进一步扩展其功能,如统计称量的最大值、最小值、平均值及标准偏差等。

一、电子天平及其分类

人们把用电磁力平衡被称物体重力的天平称为电子天平。其特点是称量准确可靠、显示快速清晰并且具有自动检测系统、简便的自动校准装置以及超载保护等装置。按电子天平的精度可分为以下几类:

（一）超微量电子天平

超微量电子天平的最大称量是 2 至 5 g，其标尺分度值小于（最大）称量的 10^{-6}。

（二）微量电子天平

微量电子天平的称量一般在 3 至 50 g，其分度值小于（最大）称量的 10^{-5}。

（三）半微量电子天平

半微量电子天平的称量一般在 20 至 100 g，其分度值小于（最大）称量的 10^{-5}。

（四）常量电子天平

此种天平的最大称量一般在 100 至 200 g，其分度值小于（最大）称量的 10^{-5}。

（五）电子分析天平

其实电子分析天平，是常量电子天平、半微量电子天平、微量电子天平和超微量电子天平的总称。

（六）精密电子天平

这类电子天平是准确度级别为 Ⅱ 级的电子天平的统称。

二、电子天平的校准

在测试中我们会发现，对天平进行首次计量测试时误差较大，究其原因是，相当一部分仪器，在较长的时间间隔内未进行校准，在天平显示零位时直接称量（需要指出的是，电子天平开机显示零点，不能说明天平称量的数据准确度符合测试标准，只能说明天平零位稳定性合格。因为衡量一台天平合格与否，还需综合考虑其他技术指标的符合性）。因存放时间较长、位置移动、环境变化或未获得精确测量，天平在使用前一般都应进行校准操作。校准方法分为内校准和外校准两种。有的天平，如德国生产的沙特利斯、瑞士产的梅特勒、上海产的"JA"等系列电子天平均有校准装置。如果使用前不仔细阅读说明书很容易忽略"校准"这一操作，造成较大称量误差。

三、电子天平的使用方法

（一）水平调节

1.水平仪气泡的作用

电子天平在称量过程中会因为摆放位置不平而产生测量误差，称量精度越高误差就越大（如：精密电子天平、微量电子天平），为此大多数电子天平都提供了调整水平的功能。

电子分析天平的使用

电子天平都有一个水准泡。水准泡必须位于液腔中央，否则称量不准确。调好之后，应尽量不要搬动，否则，水准泡可能发生偏移，又需重调。电子天平一般有 2 个调平底座，一般位于后面，也有位于前面的。旋转这两个调平底座，就可以调整天平水平。

2.水平仪气泡的调整方法

首先，旋转左或右调平底座，把水准泡先调到液腔左右的中间。单独旋转一个左或右调平底座，其实是调整天平的倾斜度，肯定可以将水准泡调到液腔左右的中间，操作的关键是调哪一个调平底座。初学者可以这样判断，先手动倾斜天平，使水准泡达到液腔左右的中间，然后看调平底座，哪一个高了，或者低了，调整其中一个调平底座的高矮，就可以使水准泡移动到液腔左右的中间。

注意，同时旋转两个调平底座，两手幅度必须一致，都须顺时针或者逆时针，让水准泡在液腔左右的中间线前后移动，最终移动到液腔中央，调平底座同时顺时针或者逆时针旋转，则天平倾斜度不变，这样水准泡就不会脱离液腔左右的中间线，只要旋转方向没有问题，就肯定可以达到液腔中央。

同时顺时针或者逆时针旋转：双手同时旋转调平底座（一只手向胸前，一只手向胸外，方向相反，一般就是同时顺时针或者逆时针旋转底座）。

初学者不大容易判断方向，可手动抬高底座或另一个支座，使水泡向中央移动，再观察调平底座的位置，看是需要调高还是需要调低。

（二）预热

接通电源，预热至规定时间后（天平长时间断电之后再使用时，至少需预热 30 min），开启显示器进行操作。

（三）开启显示器

轻按 ON 键，显示器全亮，约 2 s 后，显示天平的型号，然后是称量模式 0.000 0 g。读数时应关上天平门。

（四）天平基本模式的选定

天平通常为"通常情况"模式，并具有断电记忆功能。使用时若改为其他模式，使用后一经按 OFF 键，天平即恢复通常情况模式。称量单位的设置等可按说明书进行操作。

（五）校准

天平安装后，第一次使用前，应对天平进行校准。天平若存放时间较长、位置移动、环境变化或未获得精确测量，在使用前一般都应进行校准操作，采用外校准（有的电子天平具有内校准功能），由 TAR 键清零及 CAL 键、校准砝码完成。

轻按 CAL 键，当显示器出现 CAL- 时，即松手，显示器就出现 CAL-100，其中"100"为闪烁码，表示校准砝码需用100 g 的标准砝码。此时就把准备好 100 g 校准砝码放上称盘，显示器即出现"——"等待状态，经较长时间后显示器出现 100.000 0 g，拿去校准砝码，显示器应出现 0.000 0 g。若出现不是为零，则再清零，再重复以上校准操作。（注意：为了得到准确的校准结果最好重复以上校准）

（六）称量

按 TAR 键，显示为"0"后，置称量物于称盘上，待数字稳定即显示器左下角的"0"标志消失后，即可读出称量物的质量值。

（七）去皮称量

按 TAR 键清零，置容器于称盘上，天平显示容器质量，再按 TAR 键，显示为"0"时，即去除皮重。再置称量物于容器中，或将称量物（粉末状物质或液体）逐步加入容器中直至达到所需质量，待显示器左下角"0"消失，这时显示的是称量物的净质量。将称盘上的所有物品拿开后，天平显示负值，按 TAR 键，天平显示 0.000 0 g。若称量过程中称盘上的总质量超过最大载荷时，天平仅显示上部线段，此时应立即减小载荷。

（八）称量结束后，若较短时间内还使用天平（或其他人还使用天平）一般不用按 OFF 键关闭显示器。实验全部结束后，关闭显示器，切断电源，若短时间内（例如 2 h 内）还使用天平，可不必切断电源，再用时可省去预热时间。若当天不再使用天平，应拔下电源插头。

四、称量方法

常用的称量方法有直接称量法、固定质量称量法和递减称量法。

（一）直接称量法

此法是将称量物直接放在天平称盘上直接称量物体的质量。

例如，称量小烧杯的质量，容量器皿校正中称量某容量瓶的质量，重量分析实验中称量某坩埚的质量等，都使用这种称量法。

（二）固定质量称量法

此法又称增量法，用于称量某一固定质量的试剂（如基准物质）或试样。这种称量操作的速度很慢，适于称量不易吸潮、在空气中能稳定存在的粉末状或小颗粒（最小颗粒应小于 0.1 mg，以便容易调节其质量）样品。

固定质量称量法应注意：若不慎加入试剂超过指定质量，应先关闭电源，然后用牛角匙取出多余试剂。重复上述操作，直至试剂质量符合指定要求为止。严格要求时，取出的多余试剂应弃去，不要放回原试剂瓶中。操作时不能将试剂散落于天平称盘等容器以外的地方，称好的试剂必须定量地由表面皿等容器直接转入接受容器，此即所谓"定量转移"。

（三）递减称量法

此法又称减量法，用于称量一定质量范围的样品或试剂。在称量过程中样品易吸水、易氧化或易与 CO_2 等反应时，可选此法。由于称取试样的质量是由两次称量之差求得，故也称差减法。

1. 从干燥器中用纸带（或纸片）夹住称量瓶后取出称量瓶（图 2-10。注意：不要让手指直接触及称瓶和瓶盖，可以使用称量用的手套），用纸片夹住称量瓶盖柄,打开瓶盖,用牛角匙加入适量试样(一般为称一份试样量的整数倍),盖上瓶盖。称出称量瓶加试样后的准确质量。

2. 将称量瓶从天平上取出,在接收容器的上方倾斜瓶身,用称量瓶盖轻敲瓶口上部使试样慢慢落入容器中,瓶盖始终不要离开接收器上方。(图2-11)当倾出的试样接近所需量(可从体积上估计或试重得知)时,一边继续用瓶盖轻敲瓶口,一边逐渐将瓶身竖直,使黏附在瓶口上的试样落回称量瓶,然后盖好瓶盖,准确称其质量。

3. 两次质量之差,即为试样的质量。按上述方法连续递减,可称量多份试样。有时一次很难得到合乎质量范围要求的试样,可重复上述称量操作1~2次。

图2-13 称量瓶　　　　图2-14 倾出试样的操作

五、电子天平的维护与保养

(一)电子天平安装室的环境要求

1. 房间应避免阳光直射,最好选择阴面房间或采用遮光办法。

2. 应远离震源,如铁路、公路、震动机等震动机械,无法避免时应采取防震措施。

3. 应远离热源和高强电磁场等环境。

4. 工作室内温度应恒定,以20℃左右为佳。

5. 工作室内的相对湿度在45%~75%之间为佳。

6. 工作室内应清洁干净,避免受气流的影响。

7.工作室内应无腐蚀性气体的影响。

（二）在使用前调整水平仪气泡至中间位置

（三）电子天平应按说明书的要求进行预热

（四）称量易挥发和具有腐蚀性的物品时，要盛放在密闭的容器中，以免腐蚀和损坏电子天平

（五）经常对电子天平进行自校或定期外校，保证其处于最佳状态

（六）如果电子天平出现故障应及时检修，不可带"病"工作

（七）操作电子天平不可过载使用，以免损坏天平

（八）若长期不用电子天平时应暂时收藏好

总而言之，从事电子天平使用的工作人员，只要考虑和做到以上几个方面，就可有效地提高称量准确度，延长电子天平的使用年限，保证检测工作的质量。

知识拓展

"中国稀土之父"徐光宪

溶剂萃取是分析化学的重要内容之一。"中国稀土之父"徐光宪院士，1944年毕业于交通大学化学系，1951年3月获美国哥伦比亚大学博士学位。1951年，他毅然回到了新中国，投身祖国的建设大业。20世纪70年代，他主攻"稀土元素分离"这个世界性难题。经过无数次的计算和实验，他终于开创了串级萃取理论，一举攻克稀土中分离难度最大的镨、钕两种元素的分离技术，纯度达到99.99%，并把这项技术完美地应用于大规模的生产实践。从此，中国作为稀土资源大国，不再只是以"猪肉价"出售稀土原矿，至今仍占据着世界稀土生产加工的制高点。

模块三

化学分析
检验技术

知识目标

1. 掌握四大滴定的原理和有关计算；
2. 掌握四大滴定指示剂作用原理和使用条件；
3. 掌握四大滴定标准溶液的配制方法；
4. 掌握四大滴定分析结果的计算；
5. 掌握四大滴定的应用。

能力目标

1. 能根据分析任务选择合适的滴定方法；
2. 能够合理选择指示剂；
3. 能独立进行标准溶液的制备；
4. 能独立完成滴定操作、判断滴定终点、准确记录读数和规范计算，
   并对结果进行分析。

素质目标

1. 培养严谨求实的科学态度，培养实事求是、勇担责任的职业精神；
2. 树立"绿水青山就是金山银山"的理念；
3. 培养安全、环保和健康的化工理念；
4. 培养遵纪守法、人人有责的法律意识；
5. 增强学生团队协作的能力。

教学单元一

酸碱滴定分析检验技术

📋 **知识目标** ------------------------------------●

1. 了解酸碱滴定分析的基本概念和基本原理；

2. 掌握酸碱滴定的有关计算；

3. 掌握酸碱标准溶液的配制与标定，以及掌握酸碱滴定法的应用；

4. 掌握缓冲溶液的计算与配制。

📋 **技能目标** ------------------------------------●

1. 会选用合适的量器配制标准溶液；

2. 能正确判断不同盐类的性质；

3. 能熟练配制常用缓冲溶液；

4. 能正确选择某个滴定的指示剂；

5. 会用不同的方法配制与标定标准溶液并用于滴定分析。

知识点一　酸碱滴定法基本理论

📋 **知识目标** ------------------------------------●

1. 了解酸碱指示剂的变色原理；

2. 学会强酸和强碱滴定过程中 pH 的计算。

📋 **技能目标** --•

1. 能正确选择滴定的指示剂；

2. 会准确配制标准溶液；

3. 熟练准确地进行酸碱滴定实验数据的处理。

一、酸碱指示剂

（一）认识酸碱指示剂

酸碱指示剂是一类结构较复杂的有机弱酸或有机弱碱，它们在溶液中能部分电离成指示剂的离子和氢离子（或氢氧根离子）。由于结构上的变化，它们的分子和离子具有不同的颜色，因而在 pH 不同的溶液中呈现不同的颜色。常见的酸碱指示剂有酚酞、甲基红、甲基橙、中性红等。

（二）酸碱指示剂的变色原理

1. 酸碱指示剂的变色原理及变色范围

能够利用本身颜色的改变来指示溶液 pH 值变化的指示剂，称为酸碱指示剂。

酸碱指示剂多是弱的有机酸或有机碱，其共轭酸碱对具有不同的结构，且颜色不同。现以 HIn 表示指示剂酸式形态，以 In⁻ 表示指示剂碱式形态，则有如下的转化：

$$HIn \rightleftharpoons H^+ + In^-$$

酸式形态（酸式色）　　　碱式形态（碱式色）

增大溶液的（H^+），则平衡向左移动，指示剂主要以酸式形态存在，溶液呈酸式色；减少溶液的（H^+），指示剂主要以碱式形态存在，溶液呈碱式色。

例如，甲基橙在水溶液中有如下解离平衡和颜色变化：

$$(CH_3)_2N\!-\!\!\bigcirc\!\!-\!N\!\!=\!\!N\!-\!\!\bigcirc\!\!-\!SO_3^- \underset{OH^-}{\overset{H^+}{\rightleftharpoons}} (CH_3)_2N^+\!\!=\!\!\bigcirc\!\!=\!N\!-\!\overset{H}{N}\!-\!\!\bigcirc\!\!-\!SO_3^-$$

碱式形态（黄色）　　　　　　　　　　酸式形态（红色）

可以看出，增大溶液的 $c(H^+)$，则平衡向右移动，甲基橙主要以酸式形态存在，溶液呈红色；减少溶液的 $c(H^+)$，甲基橙主要以碱式形态存在，溶液呈黄色。

指示剂颜色的改变，是由于溶液 pH 值的变化。溶液 pH 值的变化，引起指示剂分子结构的改变，因而显示出不同的颜色，但是并不是溶液的 pH 值稍有变化或任意改变，都能引起指示剂颜色的变化，指示剂的变色是在一定 pH 值范围内进行的。

在式 $HIn \rightleftharpoons H^+ + In^-$ 中，如果以 K_{HIn} 表示指示剂的离解常数，则有：

$$K_{HIn} = \frac{c(H^+) \, c(In^-)}{c(HIn)}$$

$$\frac{K_{HIn}}{c(H^+)} = \frac{c(In^-)}{c(HIn)}$$

当 $c(H^+) = K_{HIn}$，$\frac{c(In^-)}{c(HIn)} = 1$，两者浓度相等，溶液表现出酸式色和碱式色的中间色，此时 $pH = pK_{HIn}$，称为指示剂的理论变色点。

一般说来，如果 $\frac{c(In^-)}{c(HIn)} \geqslant 10$，观察到的是碱式色（$In^-$）；当 $\frac{c(In^-)}{c(HIn)} = 10$ 时，可在 In^- 的颜色中稍稍看到 HIn 的颜色，此时 $pH = pK_{HIn} + 1$。当 $\frac{c(In^-)}{c(HIn)} \leqslant \frac{1}{10}$ 时，观察到的是 HIn 的酸式色；当 $\frac{c(In^-)}{c(HIn)} = \frac{1}{10}$ 时，可在 HIn 的颜色中稍稍看到 In^- 的颜色，此时 $pH = pK_{HIn} - 1$。

由上述讨论可知，指示剂的理论变色范围为 $pH = pK_{HIn} \pm 1$，指示剂的理论变色范围应为两个 pH 单位。但实际观察到的大多数指示剂的变色范围不是两个 pH 值单位，上下略有变化，且指示剂的理论变色点不是变色范围的中间点。这是由人眼对不同颜色的敏感程度不同，再加上两种颜色互相掩盖而导致的。常见酸碱指示剂列于表 3-1 中。

表 3-1　常见酸碱指示剂（室温）

指示剂	变色范围 （pH）	颜色变化	pK_{HIn}	浓度	用量滴 / 10 mL 试液
百里酚蓝	1.2 ~ 2.8	红~黄	1.65	0.1% 的 20% 酒精溶液	1 ~ 2
甲基橙	3.1 ~ 4.4	红~黄	3.4	0.1% 或 0.05% 水溶液	1
溴酚蓝	3.0 ~ 4.6	黄~紫	4.1	0.1% 的 20% 酒精溶液或 其钠盐水溶液	1
甲基红	4.4 ~ 6.2	红~黄	5.0	0.1% 的 60% 酒精溶液或 其钠盐水溶液	1
中性红	6.8 ~ 8.0	红~黄橙	7.4	0.1% 的 60% 酒精溶液	1
酚酞	8.0 ~ 10.0	无~红	9.1	1% 的 90% 酒精溶液	1 ~ 3
溴百里酚蓝	6.2 ~ 7.6	黄~蓝	7.3	0.1% 的 20% 酒精溶液或 其钠盐水溶液	1
百里酚酞	9.4 ~ 10.6	无~蓝	10.0	0.1% 的 90% 酒精溶液	1 ~ 2

2.影响指示剂变色的因素

（1）指示剂的用量

有些指示剂，如甲基橙，溶液颜色决定于 $\dfrac{c(\text{In}^-)}{c(\text{HIn})}$ 的比值，与指示剂的用量无关。但因指示剂本身也要消耗滴定剂，当指示剂浓度大时，将使终点时颜色变化不明显。而有些指示剂，如酚酞，指示剂的用量有较大的影响。例如，在 50 ~ 100 mL 溶液中加入 0.1% 酚酞指示剂 2 ~ 3 滴，pH = 9 时出现红色；在同样条件下加入 10 ~ 15 滴，则在 pH = 8 时出现红色。因此，用单色指示剂指示滴定终点时，要严格控制指示剂的用量。

（2）温度

温度改变时，指示剂常数 K_{HIn} 和水的离子积 K_W 都有改变，因此指示剂的变色范围也随之发生改变。例如，甲基橙在室温下的变色范围是 3.1 ~ 4.4，在 100 ℃ 时为 2.5 ~ 3.7。因此滴定宜在室温下进行，如必须加热，则应该将溶液冷却后再进行滴定。

（3）离子强度及其他

溶液中中性电解质的存在增加了溶液的离子强度，使指示剂的表观离解常数改变，将影响指示剂的变色范围。某些盐类具有吸收不同波长光波的性质，也会改变指示剂颜色的深度和色调。所以在滴定溶液中不宜有大量盐类存在。

另外，影响指示剂变色范围的其他因素还有溶剂和滴定程序等。

3. 混合指示剂

在某些酸碱滴定中，使用单一指示剂难以判断终点，此时可采用混合指示剂。混合指示剂利用颜色的互补原理使终点颜色变化敏锐，变色范围窄。混合指示剂可分为两类：一类是在某种指示剂中加入一种惰性染料。如由甲基橙和靛蓝组成的混合指示剂，靛蓝颜色不随 pH 改变而变化，只作甲基橙的颜色背景，此类指示剂能使颜色变化敏锐，但变色范围不变；另一类是由两种或两种以上的指示剂混合而成，如溴甲酚绿和甲基红组成的混合指示剂，此类指示剂能使颜色变化敏锐，变色范围窄。常用混合指示剂列于表 3-2 中。

表 3-2　常见酸碱混合指示剂

指示剂溶液的组成	变色时 pH 值	颜色变化 （酸色~碱色）	备注
一份 0.1% 甲基橙水溶液 一份 0.25% 靛蓝二磺酸钠水溶液	4.1	紫~黄绿	
一份 0.1% 甲基黄酒精溶液 一份 0.1% 次甲基蓝酒精溶液	3.25	蓝紫~绿	pH 3.4 绿色、 pH 3.2 蓝紫色
二份 0.1% 百里酚酞酒精溶液 一份 0.1% 茜素黄酒精溶液	10.2	黄~紫	
三份 0.1% 溴甲酚绿酒精溶液 一份 0.2% 甲基红酒精溶液	5.1	酒红~绿	
一份 0.1% 中性红酒精溶液 一份 0.1% 次甲基蓝酒精溶液	7.0	蓝紫~绿	pH 7.0 紫蓝
一份 0.1% 百里酚蓝酒精溶液 三份 0.1% 酚酞酒精溶液	9.0	黄~紫	从黄到绿再到紫

（续表）

指示剂溶液的组成	变色时 pH 值	颜色变化 （酸色~碱色）	备注
一份 0.1% 溴甲酚绿钠盐水溶液 一份 0.1% 氯酚红钠盐水溶液	6.1	黄绿~蓝紫	pH 5.4 蓝紫色、pH 5.8 蓝色、pH 6.0 蓝带紫、pH 6.2 蓝紫
一份 0.1% 甲酚红钠盐水溶液 三份 0.1% 百里酚蓝钠盐水溶液	8.3	黄~紫	pH 8.2 玫瑰色、pH 8.4 清晰的紫色

二、酸碱滴定曲线与指示剂的选择

（一）酸碱滴定曲线

酸碱指示剂选择恰当与否会直接影响滴定结果的准确度。选择了合适的指示剂，就能减小酸碱滴定过程中的终点误差。而指示剂的变色与溶液的 pH 有关，因此有必要研究滴定过程中溶液 pH 的变化，特别是化学计量点附近溶液 pH 的改变，从而选择一个刚好能在化学计量点附近变色的指示剂。以酸碱加入的体积（或被滴定的百分数）为横坐标，溶液的 pH 为纵坐标，描绘滴定过程中溶液 pH 值的变化情况的曲线，称为酸碱滴定的曲线。

1. 一元强酸强碱的相互滴定

以 0.100 0 mol·L^{-1} NaOH 溶液滴定 20.00 mL，0.100 0 mol·L^{-1} 的 HCl 溶液为例，绘制滴定曲线。其反应为：

$$NaOH + HCl \Longrightarrow NaCl + H_2O$$

滴定过程分为四个阶段：

（1）滴定前

溶液的 pH 值由 HCl 酸度决定：$c(H^+) = c_{HCl} = 0.100\ 0\ mol·L^{-1}$，pH = 1.00。

（2）滴定开始至化学计量点前 0.1% 处

溶液的 pH 值由剩余的 HCl 酸度决定：$c(H^+) = c_{HCl(剩余)} = \dfrac{c_{HCl}V_{HCl(剩余)}}{V_{总}}$，由于 $c_{HCl} = c_{NaOH}$，所以 $c(H^+) = \dfrac{c_{HCl}(V_{HCl} - V_{NaOH})}{V_{HCl} + V_{NaOH}}$。

当加入 NaOH 溶液 19.98 mL（−0.1% 相对误差）时：

$$c(H^+) = \frac{20.00\ mL \times 0.100\ 0\ mol·L^{-1} - 19.98\ mL \times 0.100\ 0\ mol·L^{-1}}{20.00\ mL + 19.98\ mL}$$

$= 5.0 \times 10^{-5} \text{ mol} \cdot \text{L}^{-1}$，pH = 4.30。

由滴定开始至化学计量点前 0.1% 处其他各点的 pH 值用同样的方法计算。

（3）化学计量点时

溶液的 pH 值由生成的中和产物 NaCl 和 H_2O 决定。此时溶液呈中性，溶液中的 $c(\text{H}^+) = c(\text{OH}^-) = 1.0 \times 10^{-7} \text{ mol} \cdot \text{L}^{-1}$，pH = 7.00。

（4）化学计量点后

溶液的 pH 值由过量的 NaOH 决定，$c(\text{OH}^-) = \dfrac{c_{\text{NaOH}} V_{\text{NaOH}} - c_{\text{HCl}} V_{\text{HCl}}}{V_{\text{HCl}} + V_{\text{NaOH}}}$，由于 $c_{\text{HCl}} = c_{\text{NaOH}}$，所以 $c(\text{OH}^-) = \dfrac{c_{\text{HCl}}(V_{\text{NaOH}} - V_{\text{HCl}})}{V_{\text{HCl}} + V_{\text{NaOH}}}$。

计算 20.02 mL NaOH 溶液（+0.1% 相对误差）时的 pH 值，$c(\text{OH}^-) = \dfrac{20.02 \text{ mL} \times 0.100\,0 \text{ mol} \cdot \text{L}^{-1} - 20.00 \text{ mL} \times 0.100\,0 \text{ mol} \cdot \text{L}^{-1}}{20.02 \text{ mL} + 20.00 \text{ mL}} = 5.0 \times 10^{-5} \text{ mol} \cdot \text{L}^{-1}$，pH = 9.70。

以同样的方法再计算其他各点的 pH 值，并将数据列于表 3-3 中。

表 3-3　$0.100\,0 \text{ mol} \cdot \text{L}^{-1}$ 的 NaOH 滴定 20.00 mL、$0.100\,0 \text{ mol} \cdot \text{L}^{-1}$ 的 HCl 溶液的 pH 变化

加入 NaOH 的体积 /mL	HCl 被滴定百分数	$c(\text{H}^+)$	pH	备注
10.00		1.00×10^{-1}	1.00	
18.00	90.00	5.26×10^{-3}	2.28	
19.80	99.00	5.02×10^{-4}	3.30	
19.98	99.90	5.00×10^{-5}	4.30	化学计量点相对
20.00	100.00	1.00×10^{-7}	7.00	误差为
20.02	100.1	2.00×10^{-10}	9.70	$-0.1\% \sim 0.1\%$
20.20	101.0	2.01×10^{-11}	10.70	
22.00	110.0	2.10×10^{-12}	11.68	
40.00	200.0	3.00×10^{-13}	12.52	

以 HCl 溶液被滴定的百分数为横坐标，溶液对应的 pH 为纵坐标，绘制滴定曲线（图 3-1 中实线）。可以看出：在滴定过程中的不同阶段，加入单位体积的滴定剂，溶液 pH 值变化的快慢是不相同的。滴定开始时，曲线比较平坦；随着 NaOH 不断滴入，pH 值逐渐增大；当 NaOH 的加入量从 19.98 mL（相对误差为 −0.1%）到 20.02 mL（相对误差为 +0.1%），仅 0.04 mL

（约一滴溶液），溶液的 pH 由 4.30 急剧升高到 9.70，改变了 5.4 个单位。人们把化学计量点前后相对误差为 ±0.1% 范围溶液 pH 值变化范围，称为酸碱滴定的突跃范围。在滴定分析中，滴定突跃范围是选择指示剂的依据：凡指示剂的变色范围全部或部分落在滴定突跃范围之内的指示剂，均可作为该滴定的指示剂。对 0.100 0 mol·L^{-1} NaOH 滴定 0.100 0 mol·L^{-1} 的 HCl 溶液来说，酚酞（8.0~10.0）、甲基橙（3.1~4.4）、甲基红（4.4~6.2），均可作为该滴定的指示剂。如果使用 0.100 0 mol·L^{-1} 的 HCl 滴定等浓度的 NaOH（图 3-1 中虚线），滴定曲线与前者方向相反，呈对称。

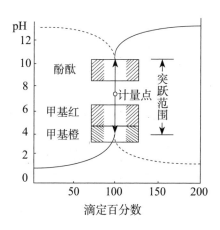 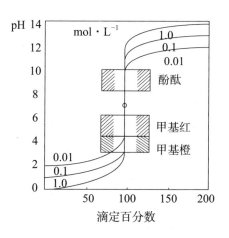

图 3-1　NaOH 与 HCl 滴定曲线　　图 3-2　浓度对强酸强碱滴定突跃范围的影响

滴定突跃范围的大小与滴定剂和被滴定溶液的浓度有关，如图 3-2。酸碱溶液浓度愈大，突跃范围也愈大，可供选择的指示剂愈多。但浓度太大，在化学计量点附近少加或多加半滴酸（碱）产生的误差较大，并且标准溶液及样品试剂的消耗量也较大，造成不必要的浪费；反之，酸碱溶液浓度愈稀，突跃范围愈小，太小难以找到合适的指示剂，通常把标准溶液的浓度控制在 0.01~1.00 mol·L^{-1} 之间。

2. 强碱（酸）滴定一元弱酸（碱）

强碱（酸）滴定一元弱酸（碱）也可把滴定过程分为滴定前、化学计量点前、化学计量点时和化学计量点后四个阶段进行讨论。以 0.100 0 mol·L^{-1}

NaOH 溶液滴定 20.00 mL 的 0.100 0 mol·L^{-1} 的 HAc（$K_a = 1.8 \times 10^{-5}$）溶液为例，将滴定过程中各点的 pH 值列于下表中。滴定曲线见图 3-3。

表 3-4　NaOH 溶液滴定 HAc 溶液 pH 的变化

加 NaOH 体积 /mL	HAc 被滴定的百分数	溶液组成	pH	备注
0.00		HAc	2.88	
18.00	90.00	HAc+Ac$^-$	5.71	
19.98	99.90		7.76	
20.00	100.0	Ac$^-$	8.73	化学计量点相对误差为 $-0.1\% \sim +0.1\%$
20.02	100.1	OH$^-$+Ac$^-$	9.70	
20.20	101.0		10.70	
22.00	110.0		11.68	
40.00	200.0		12.52	

比较强碱滴定一元强酸和强碱滴定一元弱酸的滴定曲线可以看出：

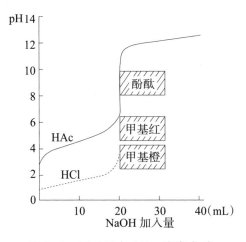

图 3-3　NaOH 与 HAc 滴定曲线

（1）滴定前，HAc 的 pH 值比强酸高，这是由于 HAc 电离出的 H$^+$ 比同浓度的 HCl 少。

（2）滴定开始至化学计量点前 0.1% 处，曲线变化较复杂。其间溶液组成为 HAc 和 Ac$^-$，属于缓冲体系。但曲线两端的缓冲比值或者很大（> 10 : 1），或者很小（< 1 : 10），所以缓冲能力小，随着 NaOH 的加入，

pH 值变化明显；而曲线中段，缓冲比接近于 1∶1，缓冲能力大，曲线变化幅度不大。

（3）化学计量点时，因滴定产物 NaAc 的水解，溶液呈碱性，理论终点的 pH 不为 7.00，而是 8.73，被滴定的酸越弱，化学计量点的 pH 值越大。

（4）化学计量点附近，溶液 pH 值发生突跃，滴定突跃范围为 7.76 ~ 9.70。仅改变了不到两个 pH 单位，突跃范围减小，且突跃范围处于碱性范围内，只能选择酚酞、百里酚酞等在弱碱性范围内变色的指示剂，甲基红已不能使用。

与强酸强碱相互间的滴定类似，用强碱滴定弱酸的滴定也与溶液的浓度有关。浓度越大，滴定突跃范围大；浓度越小，滴定突跃范围也越小（见图 3-4）。除此之外，还与弱酸的电离常数 K_a 有关。当弱酸浓度一定时，弱酸的 K_a 值越小，滴定突跃范围越小，甚至不能用合适的指示剂确定终点。因此强碱滴定弱酸是有条件的，当 $c \cdot K_a \geq 10^{-8}$ 时，滴定曲线才能有较明显的突跃，此可作为弱酸能否被强碱溶液准确滴定的条件。

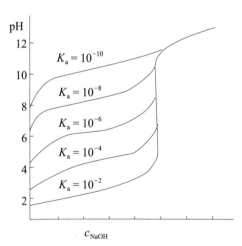

图 3-4　NaOH 与不同 K_a 一元弱酸滴定曲线

强酸滴定一元弱碱的情况与强碱滴定一元弱酸的情况相似。在滴定过程中溶液 pH 值的变化方向及滴定曲线的形状正好相反。强酸滴定弱碱的突跃范围也较小，化学计量点落在弱酸性区域，应选用在弱酸性范围内变色的指示剂，通常也以 $c \cdot K_a \geqslant 10^{-8}$ 为判断弱碱能否直接被准确滴定的依据。

3.混合酸碱的滴定

由于多元弱酸（碱）存在分步离解，其滴定较为复杂。在多元酸碱中能实现分级滴定的极少，有些多元酸碱可以滴总量。在混合酸碱中能进行分别滴定的也不多，其中最有实际意义而又能达到一定准确程度的是混合碱的测定。

烧碱 NaOH 在生产和贮藏时，能吸收空气中的 CO_2，从而产生 Na_2CO_3；食用纯碱 Na_2CO_3 常作为添加剂或酸碱调节剂应用于食品工业，在制造和存放中常有副产品 $NaHCO_3$。NaOH 和 Na_2CO_3、Na_2CO_3 和 $NaHCO_3$，这些均称为混合碱。下面介绍双指示剂法测定混合碱 Na_2CO_3 和 $NaHCO_3$ 的含量。

所谓双指示剂法是指在滴定中用两种指示剂来确定两个不同终点的方法。

用酚酞作指示剂，HCl 只能将 Na_2CO_3 滴定为 $NaHCO_3$，用去 HCl 标准溶液为 V_1（mL）。

$$Na_2CO_3 + HCl = NaCl + NaHCO_3$$

再加入甲基红作指示剂，继续用 HCl 溶液滴定至终点，溶液中所有 $NaHCO_3$ 都被滴定，用去 HCl 标准溶液 V_2（mL）。

$$NaHCO_3 + HCl = NaCl + H_2O + CO_2 \uparrow$$

过程如下：

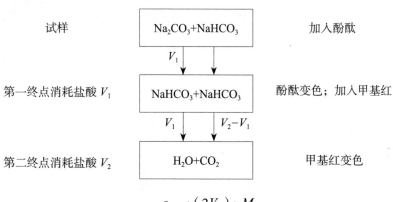

则　　Na_2CO_3 的百分含量 $= \dfrac{c_{HCl} \cdot (2V_1) \cdot M_{Na_2CO_3}}{m_{试样} \cdot 2 \times 1\,000} \times 100\%$

$$NaHCO_3 \text{ 的百分含量} = \frac{c_{HCl} \cdot (V_2 - V_1) \cdot M_{NaHCO_3}}{m_{试样} \times 1\,000} \times 100\%$$

双指示剂法不仅用于已知混合碱的定量分析，还可以用于未知试样（碱）的定性分析。设第一种指示剂、第二种指示剂变色时，标准溶液所用的体积分别为 V_1 和 V_2，如表 3-5 所示。

表 3-5 混合碱组成与标准溶液所用的体积的关系

V_1 和 V_2 的变化	试样的组成（以离子表示）
$V_1 \neq 0$，$V_2 = 0$	OH^-
$V_1 = 0$，$V_2 \neq 0$	HCO_3^-
$V_1 = V_2 \neq 0$	CO_3^{2-}
$V_1 > V_2 > 0$	$OH^- + CO_3^{2-}$
$V_2 > V_1 > 0$	$HCO_3^- + CO_3^{2-}$

技能点一　碳酸钠总碱度的测定

一、盐酸标准溶液的制备

（一）制备原理

浓盐酸因含有杂质而且易挥发，是非基准物质，因而不能直接配制成标准溶液，溶液的准确浓度需要先配制成近似浓度的溶液，然后用其他基准物质进行标定。常用于标定盐酸溶液的基准物质有：碳酸钠（Na_2CO_3）或硼砂（$Na_2B_4O_7 \cdot 10H_2O$）。

盐酸标准溶液的配制与标定

用碳酸钠（Na_2CO_3）标定 HCl 溶液的反应方程式如下：

$$Na_2CO_3 + 2HCl == CO_2 \uparrow + 2NaCl + H_2O$$

由反应式可知，1 mol HCl 正好与 1 mol $\left(\frac{1}{2}Na_2CO_3\right)$ 完全反应。由于生成的 H_2CO_3 是弱酸，在室温下，其饱和溶液浓度约为 0.04 mol·L^{-1}，化学计量点时 pH 值约为 4，故可用甲基红作指示剂。

通常，我们也可采用已知浓度的标准溶液来标定未知浓度的盐酸（NaOH）溶液。终点产物为 NaCl，pH = 7，选用甲基橙或酚酞作指示剂均可。

（二）仪器和试剂

1. 仪器

台秤，分析天平，量筒（10 mL）1 支，酸式滴定管（50 mL）1 支，锥形瓶（250 mL）3 只，带玻璃塞和胶塞的 500 mL 试剂瓶各 1 个。

2. 试剂

浓 HCl（密度 1.18 ~ 1.19 g/mL），无水 Na_2CO_3（分析纯），0.2% 甲基橙水溶液，0.2% 甲基红乙醇溶液。

（三）操作步骤

1. 溶液的配制

0.1 $mol \cdot L^{-1}$ HCl 溶液的配制：

用洁净的 10 mL 量筒量取浓盐酸 4.5 mL，倒入事先已加入少量蒸馏水的 500 mL 洁净的试剂瓶中，用蒸馏水稀释至 500 mL，盖上玻璃塞，摇匀，贴好标签。

标签上写明：试剂名称、浓度、配制日期。

2. 标定

0.1 $mol \cdot L^{-1}$ HCl 溶液的标定：

准确称取无水 Na_2CO_3 0.2 ~ 0.3 g 于锥形瓶中，加 30 mL 蒸馏水溶解；或者用移液管将已知准确浓度的碳酸钠标准溶液 25.00 mL 移入锥形瓶中。再往锥形瓶中加入甲基红溶液 1 ~ 2 滴，用配制的 HCl 溶液滴定至溶液刚刚由黄色变为橙色即为终点，记录所消耗 HCl 溶液的体积。平行测定三次，滴定管每次装液必须在零刻度线附近。

（四）数据处理

1. 根据下式计算 HCl 溶液浓度：

$$c(\text{HCl}) = \frac{m(\text{Na}_2\text{CO}_3)}{V(\text{HCl}) \times M\left(\frac{1}{2}\text{Na}_2\text{CO}_3\right)}$$

式中：

$m(\mathrm{Na_2CO_3})$ —— 参与反应的碳酸钠的质量（g）

$V(\mathrm{HCl})$ —— 滴定时消耗 HCl 溶液的体积（mL）

$M(\frac{1}{2}\mathrm{Na_2CO_3})$ —— 基本单元 $\frac{1}{2}\mathrm{Na_2CO_3}$ 的摩尔质量（g·mol^{-1}）

$c(\mathrm{HCl})$ —— 所求 HCl 标准溶液的准确浓度（mol·L^{-1}）

将实验中测得的有关数据填入表 3-6 中，并进行相关计算。

表 3-6　HCl 溶液的标定　　指示剂：

测定次数	1	2	3	备注
参与反应所用碳酸钠的质量（g）				
参与反应所用碳酸钠的物质的量（mol）				
消耗 HCl 溶液体积 V（mL）				
HCl 溶液浓度 $c(\mathrm{HCl})$（mol·L^{-1}）				
HCl 溶液平均浓度（mol·L^{-1}）				

（五）注意问题

1. 能用于直接配制标准溶液或标定溶液浓度的物质，称为基准物质或基准试剂。它应具备以下条件：组成与化学式完全相符，纯度足够高，贮存稳定，参与反应时按反应式定量进行。

2. 平行测定三次，滴定管每次装液必须在零刻度线附近。

（六）问题思考

1. 为什么 HCl 标准溶液不能用直接法配制？

2. 滴定管在装溶液前为什么要用此溶液润洗？用于滴定的锥形瓶或烧杯是否也要润洗，为什么？

3. 基准物质称完后，需加 30 mL 水溶解，水的体积是否要准确量取，为什么？

二、工业纯碱中总碱度的测定（理论、实操）

（一）实验目的

1. 掌握容量分析常用仪器的洗涤方法和正确的使用方法。

2. 掌握无水 Na_2CO_3 用 HCl 标准溶液的滴定过程及反应机理。

3. 掌握强酸滴定二元弱碱终点的 pH 突跃范围及指示剂的选择和终点颜色的变化。

碳酸钠总碱度
的测定

（二）实验原理

工业纯碱的主要成分为 Na_2CO_3，商品名为苏打，内含有杂质 NaCl、Na_2SO_4、$NaHCO_3$、NaOH 等，可通过滴定总碱度来衡量产品的质量。

CO_3^{2-} 的 $K_{b_1}= 1.8 \times 10^{-4}$，$K_{b_2}= 2.4 \times 10^{-8}$，$cK_b > 10^{-8}$，可被 HCl 标准溶液准确滴定。

滴定反应为：

$$Na_2CO_3 + 2HCl === 2NaCl + H_2CO_3$$
$$H_2CO_3 === CO_2\uparrow + H_2O$$

反应产物 H_2CO_3 易形成过饱和溶液并分解为 CO_2 逸出。化学计量点时溶液 pH 为 3.8 至 3.9，可选用甲基橙为指示剂，用 HCl 标准溶液滴定，溶液由黄色转变为橙色即为终点，试样中 $NaHCO_3$ 同时被中和。

由于试样易吸收水分和 CO_2，应在 270～300℃将试样烘干 2 h，以除去吸附的水并使 $NaHCO_3$ 全部转化为 Na_2CO_3，工业纯碱的总碱度通常以 $w(Na_2CO_3)$ 或 $w(Na_2O)$ 表示。由于试样均匀性较差，应称取较多试样，使其更具代表性。测定的允许误差可适当放宽一点。

（三）主要试剂与仪器

1. 仪器

分析天平、烧杯 1 只，量筒（10 mL）1 支、酸式滴定管（50 mL）1 支、锥形瓶（250 mL）3 只、容量瓶 100 mL 1 个、移液管（10.00 mL）1 支。

2. 试剂

HCl 标准溶液、纯碱试样 Na_2CO_3、0.1% 甲基橙指示剂。

（四）总碱度的测定实验步骤

准确称取试样约 1 g 倾入烧杯中，加少量水使其溶解，必要时可稍加热促进溶解。冷却后，将溶液定量转入 100 mL 容量瓶中，加水稀释至刻度，充分摇匀。平行移取试液 10.00 mL 分别于三只锥形瓶中，加入 1~2 滴甲基橙指示剂，用 HCl 标准溶液滴定溶液由黄色恰变为橙色，煮沸 2 分钟，冷却后继续滴定至橙色即为终点。计算试样中 Na_2O 或 Na_2CO_3 含量，即为总碱度。测定的各次相对偏差应在 ±0.5% 以内。

（五）数据记录与处理

表 3-7　纯碱总碱度的测定

记录项目 ╲ 实验号码	1	2	3
m（样品）/g			
$V_{(HCl)}$/mL			
Na_2CO_3 含量 /%			
平均值 Na_2CO_3 含量 /%			
相对偏差 /%			
平均相对偏差 /%			

（六）注意事项

1. 称量时，一定要减少碳酸钠试剂瓶的开盖时间，防止吸潮。取完试剂后，马上盖好并放入干燥器中。

2. 煮沸样品时，火量应为能保持溶液沸腾的最小火。加热后的石棉网不能直接放在滴定台上，只能放在铁架台上（铁架台下垫橡皮板）。加热后的锥形瓶可放在实验台上，或直接放入盛有冷却水的塑料盆中冷却，不允许用流动水冷却。煮沸后滴定时，要半滴、半滴地加入滴定剂，否则易过量。

三、混合碱中 NaOH、Na_2CO_3 含量的测定

（一）测定目的

1. 掌握 HCl 标准溶液的配制和标定方法。

2. 了解测定混合碱中 NaOH 和 Na_2CO_3 含量的原理及方法。

3. 掌握在同一份溶液中用双指示剂法测定混合碱中 NaOH 和 Na_2CO_3 含量的操作技术。

（二）测定原理

碱液易吸收空气中的 CO_2 形成 Na_2CO_3，苛性碱实际上往往含有 Na_2CO_3，故称为混合碱。工业产品碱液中 NaOH 和 Na_2CO_3 的含量，可在同一份试液中用两种不同的指示剂分别测定，此种方法称为"双指示剂法"。

测定时，混合碱中 NaOH 和 Na_2CO_3，是用 HCl 标准溶液滴定的，其反应式如下：

$$NaOH + HCl == NaCl + H_2O$$
$$Na_2CO_3 + HCl == NaHCO_3 + NaCl$$
$$NaHCO_3 + HCl == NaCl + CO_2 \uparrow + H_2O$$

可用酚酞及甲基橙来分别指示滴定终点，当酚酞变色时，NaOH 已全部被中和，而 Na_2CO_3 只被滴定到 $NaHCO_3$，即只中和了一半。在此溶液中再加甲基橙指示剂，继续滴定到终点，则生成的 $NaHCO_3$ 被进一步中和为 CO_2。

设酚酞变色时，消耗 HCl 溶液的体积为 V_1，此后，至甲基橙变色时又用去 HCl 溶液的体积为 V_2，则 V_1 必大于 V_2。根据 $V_1 - V_2$ 来计算 NaOH 的质量分数，再根据 $2V_2$ 计算 Na_2CO_3 的质量分数。

（三）试剂

1. HCl 标准溶液约 $0.1\ mol \cdot L^{-1}$。

2. 甲基橙指示剂 0.2%。

3. 酚酞指示剂 0.2% 乙醇溶液。

（四）步骤

1. $0.1\ mol \cdot L^{-1}$ HCl 溶液的配制和标定

$0.1\ mol \cdot L^{-1}$ HCl 溶液的配制及用称量法以无水 Na_2CO_3 为基准物质的标定方法。平行标定三次，计算 HCl 标准溶液的浓度，取其平均值。

2. 混合碱分析

用称量瓶以减量法准确称取混合碱试样 1.3 ~ 1.5 g 于 250 mL 烧杯中，加少量新煮沸的冷蒸馏水，搅拌使其完全溶解，然后转移到一洁净的 250 mL 容量瓶中，用新煮沸的冷蒸馏水稀释至刻度，充分摇匀。

用移液管吸取 25.00 mL 上述试液三份，分别置于 250 mL 锥形瓶中，加

50 mL 新煮沸的蒸馏水，再加 1～2 滴酚酞指示剂，用 HCl 标准溶液滴定至溶液由红色刚变为无色，即为第一终点，记下 V_1。然后，再加入 3～4 滴甲基橙指示剂于此溶液中，此时溶液呈黄色。继续用 HCl 标准溶液滴定，直至溶液出现橙色，即为第二终点，记下为 V_2。根据 V_1 和 V_2 计算试样中 NaOH 和 Na_2CO_3 的质量分数。

（五）注意事项

1. 如果待测试样为混合碱溶液，则直接用移液管准确吸取 25.00 mL 试液三份，分别加入新煮沸的冷蒸馏水，按同样方法进行测定。测定结果以 $g \cdot mL^{-1}$ 来表示。

2. 滴定速度宜慢，近终点时每加一滴后摇匀，至颜色稳定后再加第二滴。否则，因为颜色变化较慢，容易过量。

思考题

1. 什么叫"双指示剂法"？

2. 什么叫混合碱？ Na_2CO_3 和 $NaHCO_3$ 的混合物能不能采用"双指示剂法"测定其含量？测定结果的计算公式如何表示？

3. 本实验中为什么要把试样溶解制成 250 mL 溶液后再吸取 25.00 mL 进行滴定？为什么不直接称取 0.13～0.15 g 进行测定？

技能点二　醋酸含量的测定

（氢氧化钠标准溶液的配制与标定）

一、氢氧化钠标准溶液的制备

（一）制备原理

氢氧化钠（NaOH）因易吸收空气中水分和 CO_2，是非基准物质，因而不能直接配制成标准溶液，溶液的准

氢氧化钠标准
溶液的配制与
标定

确浓度需要先配制成近似浓度的溶液，然后用其他基准物质进行标定。常用于标定碱溶液的基准物质有邻苯二甲酸氢钾（$KHC_8H_4O_4$）。

用 $KHC_8H_4O_4$ 标定 NaOH 溶液，反应方程式如下：

$$\text{C}_6\text{H}_4\begin{matrix}-\text{COOK}\\-\text{COOH}\end{matrix} + \text{NaOH} === \text{C}_6\text{H}_4\begin{matrix}-\text{COOK}\\-\text{COONa}\end{matrix} + \text{H}_2\text{O}$$

由反应可知，1 mol $KHC_8H_4O_4$ 和 1 mol NaOH 完全反应，到达化学计量点时，溶液呈碱性，pH 值为 9，可选用酚酞作指示剂。

通常我们也可采用已知浓度的盐酸（NaOH）标准溶液来标定未知浓度的 NaOH（HCl）溶液。终点产物为 NaCl，pH = 7，选用甲基橙或酚酞作指示剂均可。本实验采用该方法测定 NaOH 溶液的浓度。

（二）仪器和试剂

1. 仪器

台秤，分析天平，烧杯 1 只，量筒（10 mL）1 支，碱式滴定管（50 mL）1 支，锥形瓶（250 mL）3 只，带玻璃塞和胶塞的 500 mL 试剂瓶各 1 个，容量瓶 250 mL1 个。

2. 药品

固体 NaOH（分析纯）或 50% 的 NaOH 溶液，0.2% 甲基橙水溶液，0.2% 甲基红乙醇溶液，0.2% 酚酞乙醇溶液。

（三）操作步骤

1. 0.1 mol·L^{-1} NaOH 溶液的配制

用天平称取固体 NaOH 2 g 于烧杯中，用蒸馏水溶解，冷却后倒入 500 mL 试剂瓶中，稀释至 500 mL。或者用洁净的 10 mL 量筒量取 4.0 mL 50% 的 NaOH 上清液，倒入 500 mL 洁净的试剂瓶中，用蒸馏水稀释至 500 mL，盖上橡胶塞，摇匀，贴好标签。标签上写明试剂名称、浓度、配制日期。

2. 0.1 mol·L^{-1} NaOH 溶液的标定

用分析天平准确称取 $KHC_8H_4O_4$ 0.4～0.5 g 三份于三个锥形瓶中，分别用水溶解，各加 1～2 滴酚酞指示剂，用配制好的 NaOH 溶液分别滴定，记录数据。或者，将已标定好的自己配制的 HCl 溶液，准确地从滴定管中放出

20.00 mL 在干净的锥形瓶中，然后再加入 1~2 滴酚酞溶液，用自己配制的 NaOH 溶液滴定至粉红色，半分钟内不褪色即为终点，记录消耗掉的 NaOH 溶液的体积（mL）。平行测定三份，滴定管每次装液必须在零刻度线附近。

（四）数据处理

根据下式计算 NaOH 溶液浓度：

$$c(\mathrm{NaOH}) = \frac{m(\mathrm{KHC_8H_4O_4})}{V(\mathrm{NaOH}) \times M(\mathrm{KHC_8H_4O_4})}$$

式中：$m(\mathrm{KHC_8H_4O_4})$ —— 参与反应的 $\mathrm{KHC_8H_4O_4}$ 的质量（g）

$V(\mathrm{NaOH})$ —— 滴定时消耗 NaOH 溶液的体积（mL）

$M(\mathrm{KHC_8H_4O_4})$ —— $\mathrm{KHC_8H_4O_4}$ 的摩尔质量（$\mathrm{g \cdot mol^{-1}}$）

$c(\mathrm{NaOH})$ —— 所求 NaOH 标准溶液的准确浓度（$\mathrm{mol \cdot L^{-1}}$）

或者 $$c(\mathrm{NaOH}) = \frac{c(\mathrm{HCl}) \cdot V(\mathrm{HCl})}{V(\mathrm{NaOH})}$$

式中：

$c(\mathrm{HCl})$ —— 参与反应的 HCl 的物质的量浓度（$\mathrm{mol \cdot L^{-1}}$）

$V(\mathrm{HCl})$ —— 参与反应的 HCl 的体积（mL）

$V(\mathrm{NaOH})$ —— 滴定时消耗 NaOH 溶液的体积（mL）

$c(\mathrm{NaOH})$ —— 所求 NaOH 标准溶液的准确浓度（$\mathrm{mol \cdot L^{-1}}$）

将实验中测得的有关数据填入表 3-8 中，并进行相关计算。

表 3-8　NaOH 溶液的标定　　指示剂：

测定次数	1	2	3	备注
参与反应所用 $\mathrm{KHC_8H_4O_4}$ 的质量（g）				
参与反应所用 $\mathrm{KHC_8H_4O_4}$ 的物质的量（mol）				
消耗 NaOH 溶液体积 V（mL）				
NaOH 溶液浓度 $c(\mathrm{NaOH})$（$\mathrm{mol \cdot L^{-1}}$）				
NaOH 溶液平均浓度（$\mathrm{mol \cdot L^{-1}}$）				

（五）注意问题

1.能用于直接配制标准溶液或标定溶液浓度的物质，称为基准物质或基准试剂。它应具备以下条件：组成与化学式完全相符，纯度足够高，贮存稳定，反应时按反应式定量进行。

2.固体 NaOH 易吸收空气中的 CO_2，使 NaOH 表面形成一薄层碳酸盐，实验室配制不含 CO_3^{2-} 的 NaOH 溶液一般有两种方法：

（1）以少量蒸馏水洗涤固体 NaOH，除去表面生成的碳酸盐后，将 NaOH 固体溶解于加热至沸并冷至室温的蒸馏水中。

（2）利用 Na_2CO_3 在浓 NaOH 溶液中溶解下降的性质，配制近于饱和的 NaOH 溶液，静置，让 Na_2CO_3 沉淀析出后，吸取上层澄清溶液，即为不含 CO_3^{2-} 的 NaOH 溶液。

3.平行测定三次，每次滴定前都要把滴定管装至零刻度附近。

思考题

为什么 NaOH 标准溶液都不能用直接法配制？

二、食醋中总酸度的测定

（一）测定目的

1.熟练掌握滴定管、容量瓶、移液管的使用方法和滴定操作技术。

2.掌握 NaOH 标准溶液的配制和标定方法。

3.了解强碱滴定弱酸的反应原理及指示剂的选择。

4.学会食醋中总酸度的测定方法。

食醋中醋酸
含量的测定

（二）测定原理

食醋的主要成分是醋酸，此外还含有少量其他弱酸，如乳酸等。用 NaOH 标准溶液滴定，在化学计量点时溶液呈弱碱性，选用酚酞作指示剂，测得的是总酸度，以醋酸的质量浓度（$g \cdot mL^{-1}$）来表示。

（三）测定试剂

1. NaOH 标准溶液 0.1 mol·L^{-1}。

2. 酚酞指示剂 0.2% 乙醇溶液。

（四）测定步骤

1. 0.1 mol·L^{-1} NaOH 溶液的配制和标定。

0.1 mol·L^{-1} NaOH 溶液配制后用 $KHC_8H_4O_4$ 作为基准物质进行标定。平行标定三次，计算 NaOH 标准溶液的浓度，取其平均值。

2. 食醋的测定

准确吸取醋样 10.00 mL 于 250 mL 容量瓶中，以新煮沸并冷却的蒸馏水稀释至刻度，摇匀。用移液管吸取 25.00 mL 稀释过的醋样于 250 mL 锥形瓶中，加入 25 mL 新煮沸并冷却的蒸馏水，加酚酞指示剂 2～3 滴，用已标定的 NaOH 标准溶液滴定至溶液呈现粉红色，并在 30 s 内不褪色，即为终点。根据 NaOH 溶液的用量，计算食醋的总酸度。

（五）注意问题

1. 食醋中醋酸的浓度较大，且颜色较深，故必须稀释后再滴定。

2. 测定醋酸含量时，所用的蒸馏水不能含有 CO_2，否则 CO_2 溶于水生成的 H_2CO_3，将同时被滴定。

思考题

1. 强碱滴定弱酸与强碱滴定强酸相比，滴定过程中 pH 变化有哪些不同点？

2. 用酸碱滴定法测定醋酸含量的依据是什么？

3. 滴定醋酸时为什么要用酚酞作指示剂？为什么不可以用甲基橙或甲基红？

教学单元二

配位滴定分析检验技术

知识点一 配位滴定法基本理论

📋 **知识目标** -

1. 掌握配位滴定对化学反应的要求；

2. 了解 EDTA 与金属离子形成配合物的特点，理解 EDTA 的酸效应、配位效应及 EDTA 的条件稳定常数；

3. 了解金属指示剂作用原理及应用，掌握金属指示剂应具备的条件，会合理选择金属指示剂。

📋 **能力目标** -

1. 熟练配制和标定 EDTA 标准溶液；

2. 熟练应用 EDTA 测定水的硬度，并能正确处理实验数据；

3. 能应用配位滴定法相关知识来解决实际问题。

配位滴定法是以形成稳定配合物的配位反应为基础，以配位剂或金属离子标准溶液进行滴定的分析方法，用来测定多种金属离子或间接测定其他离子。在滴定过程中通常需要选用适当的指示剂来指示滴定终点。

一、配位滴定对化学反应的要求

能形成配合物的反应很多，但能用于配位滴定的化学反应必须符合以下要求：

1.生成的配合物必须足够稳定，以保证反应完全，一般应满足 $K_稳 \geq 10^8$。

2.生成的配合物要有明确组成，即在一定条件下只形成一种配位数的配合物，这是定量分析的基础。

3.配位反应速率要快。

4.能选用比较简便的方法确定滴定终点。

二、配位滴定的标准溶液

在配位滴定中，被滴定的一般是金属离子，氨羧配位体可与金属离子形成很稳定的、并且组成一定的配合物。利用氨羧配位体进行定量分析的方法又称为氨羧配位滴定，可以直接或间接测定许多种元素。

氨羧配位体是一类含有以氨基二乙酸基团 $[—N(CH_2COOH_2)]$ 为基体的有机配位体，它含有配位能力很强的氨氮和羧氧两种配位原子，它们能与多数金属离子形成稳定的可溶性配合物。氨羧配位体的种类很多，比较重要的有：乙二胺四乙酸（简称 EDTA），环己烷二胺四乙酸（简称 CDTA 或 DCTA），乙二醇二乙醚二胺四乙酸（简称 EGTA），乙二胺四丙酸（简称 EDTP）。在这些氨羧配位剂中，乙二胺四乙酸（EDTA）最为常用。

（一）EDTA 及其配合物

1. EDTA 的性质

EDTA 是一种四元酸，无色结晶性固体，习惯上用缩写符号"H_4Y"表示。由于 EDTA 在水中的溶解度较小（22℃时，100 mL 水能溶解 0.22 g），故通常把它制成二钠盐，一般也称 EDTA，用 $Na_2H_2Y \cdot 2H_2O$ 表示，EDTA 二钠盐的溶解度较大（22℃时，100 mL 水能溶解 11.1 g），其饱和溶液的浓度可达 0.3 mol $\cdot$ L^{-1}，pH 值约为 4.4。在水溶液中，EDTA 两个羧基上的 H^+ 转移到 N 原子上，形成双偶极离子，其结构为：

2. EDTA 的离解平衡

H_4Y 是四元弱酸，当溶液酸度很高时，它的两个羧基还可接受 H^+ 离子，形成 H_6Y^{2+}，这样，EDTA 就相当于六元酸，所以 EDTA 的水溶液中存在六级离解平衡：

$$H_6Y^{2+} \rightleftharpoons H^+ + H_5Y^+ \qquad K_{a_1}^{\theta} = \frac{[H^+] \cdot [H_5Y^+]}{[H_6Y^{2+}]} = 10^{-0.9}$$

$$H_5Y^+ \rightleftharpoons H^+ + H_4Y \qquad K_{a_2}^{\theta} = \frac{c'(H^+) \cdot c'(H_4Y)}{c'(H_5Y^+)} = 10^{-1.6}$$

$$H_4Y \rightleftharpoons H^+ + H_3Y^- \qquad K_{a_3}^{\theta} = \frac{c'(H^+) \cdot c'(H_3Y^-)}{c'(H_4Y)} = 10^{-2.0}$$

$$H_3Y^- \rightleftharpoons H^+ + H_2Y^{2-} \qquad K_{a_4}^{\theta} = \frac{c'(H^+) \cdot c'(H_2Y^{2-})}{c'(H_3Y^-)} = 10^{-2.67}$$

$$H_2Y^{2-} \rightleftharpoons H^+ + HY^{3-} \qquad K_{a_5}^{\theta} = \frac{c'(H^+) \cdot c'(H_2Y^{3-})}{c'(H_2Y^{2-})} = 10^{-6.16}$$

$$HY^{3-} \rightleftharpoons H^+ + Y^{4-} \qquad K_{a_6}^{\theta} = \frac{c'(H^+) \cdot c'(Y^{4-})}{c'(HY^{3-})} = 10^{-10.26}$$

由此可见，EDTA 在水溶液中存在着 H_6Y^{2+}、H_5Y^+、H_4Y、H_3Y^-、H_2Y^{2-}、HY^{3-}、和 Y^{4-} 七种形体，各种形体的浓度随溶液 pH 值的变化而变化。它们的分布系数与溶液 pH 的关系如图 3-5 所示。由图 3-5 可见，在不同的 pH 时，EDTA 的主要存在形体不同。在七种形体中，只有 Y^{4-} 能与金属离子直接配

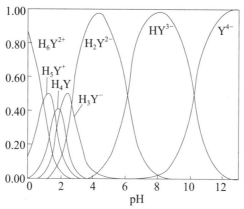

图 3-5　EDTA 各种形体在不同 pH 时的分布曲线

位。当溶液 pH 很大（pH ≥ 12）时，EDTA 几乎完全以 Y^{4-} 形式存在。因此溶液酸度越低，EDTA 配位能力越强。

3. EDTA 与金属离子形成配合物的特点

EDTA 分子中 Y^{4-} 的结构具有两个氨基和四个羧基，其氨氮原子和羧氧原子都有孤对电子，能与金属离子形成配位键，可作为六基配位体与绝大多数金属离子形成稳定的配合物，其特点如下：

（1）稳定性高

EDTA 与金属离子形成的具有五个五元环的螯合物很稳定，稳定常数都较大。

（2）计量关系简单

与大多数金属离子形成螯合物时，金属离子与 EDTA 以 1：1 配位；只有极少数高价金属离子（如锆、钼等）与 EDTA 形成 2：1 型配合物。

（3）生成的配合物易溶于水且反应迅速

大多数金属离子与 EDTA 形成配合物的反应瞬间即可完成，只有极少数金属离子（如 Cr^{3+}、Fe^{3+}、Al^{3+}）室温下反应较慢，可加热促进反应迅速进行。

（4）配合物的颜色

与无色金属离子形成的配合物也是无色的，而与有色金属离子形成颜色更深的配合物。因此，滴定有色金属离子时，试液浓度不能太大，以免用指示剂确定终点时带来困难。

（5）配位能力随 pH 增大而增强

这是由于 EDTA 离解产生的 Y^{4-}，其浓度随溶液的 pH 增大而增大的缘故。

上述特点说明 EDTA 与金属离子的配位反应符合滴定分析的要求，因此，EDTA 是一种较好的配位滴定剂，但也有不足之处，比如方法的选择性较差；当生成的配合物颜色太深时，目测终点困难等。

（二）EDTA 的配位平衡

1. 配合物的稳定常数

EDTA 与金属离子 M 形成 1：1 的配合物 MY，其主反应如下：

$$M + Y \Longrightarrow MY$$

反应达到平衡时，配合物的稳定常数为：

$$K_{MY} = \frac{[MY]}{[M][Y]}$$

K_{MY} 越大，表示配合物越稳定。一些常见金属离子与 EDTA 的配合物的稳定常数见表 3-9。

表 3-9　EDTA 与金属离子配合物的稳定常数（20℃）

金属离子	lg K_{MY}	金属离子	lg K_{MY}	金属离子	lg K_{MY}	金属离子	lg K_{MY}	金属离子	lg K_{MY}
0.0	23.64	2.4	12.19	4.8	6.84	7.0	3.32	9.4	0.92
0.4	21.32	2.8	11.09	5.0	6.45	7.4	2.88	9.8	0.59
0.8	19.08	3.0	10.60	5.4	5.69	7.8	2.47	10.0	0.45
1.0	18.01	3.4	9.70	5.8	4.98	8.0	2.27	10.5	0.20
1.4	16.02	3.8	8.85	6.0	4.65	8.4	1.87	11.0	0.07
1.8	14.27	4.0	8.44	6.4	4.06	8.8	1.48	12.0	0.01
2.0	13.51	4.4	7.64	6.8	3.55	9.0	1.28	13.0	0.00

2. 影响配位平衡的主要因素

以 EDTA 作为滴定剂，在测定金属离子的反应中，由于大多数金属离子与其生成的配合物具有较大的稳定常数，因此反应可以定量完成。但在实际反应中，不同的滴定条件下，除了被测金属离子与 EDTA 的主反应外，还存在许多副反应，使形成的配合物不稳定，它们之间的平衡关系可用下式表示：

主反应　　　　M　　　+　　　Y　　⇌　　　MY
　　　　　OH⁻／＼L　　H⁺／＼N　　H⁺／＼OH⁻
副反应　　M（OH）　ML　　HY　　NY　　MHY　　MOHY
　　　　　　　↕↕　　　↕↕　　　↕↕
　　　　　　M（OH）ₙ　MLₙ　　H₆Y

在一般情况下，如果体系中没有干扰离子，且没有其他配位剂，则影响主反应的因素主要是 EDTA 的酸效应及金属离子的水解；若存在其他配位剂，则除了考虑金属离子的水解，还应考虑金属离子的辅助配位效应。下面主要讨论对配位平衡影响较大的 EDTA 的酸效应和金属离子 M 的配位效应。

（1）EDTA 的酸效应及酸效应系数

在 EDTA 的多种形态中，只有 Y^{4-} 可以与金属离子进行配位。由 EDTA 各种形体的分布分数与溶液 pH 的关系图可知，随着酸度的增加，Y^{4-} 的分布分数减小。这种由于 H^+ 的存在使 EDTA 参加主反应的能力下降的现象称为酸效应。

酸效应的大小用酸效应系数 $\alpha_{Y(H)}$ 来衡量，它是指未参加配位反应的 EDTA 各种存在形体的总浓度 [Y'] 与能直接参与主反应的 Y^{4-} 的平衡浓度 $[Y^{4-}]$ 之比，即酸效应系数只与溶液的酸度有关。

$$\alpha_{Y(H)} = \frac{[Y']}{[Y^{4-}]} = \frac{[Y^{4-}] + [HY^{3-}] + [H_2Y^{2-}] + \cdots + [H_6Y^{2+}]}{[Y^{4-}]}$$

$$= 1 + \frac{[HY^{3-}]}{[Y^{4-}]} + \frac{[H_2Y^{2-}]}{[Y^{4-}]} + \cdots + \frac{[H_6Y^{2+}]}{[Y^{4-}]}$$

$$= 1 + \frac{[H^+]}{K_{a_6}^{\theta}} + \frac{[H^+]^2}{K_{a_6}^{\theta} K_{a_5}^{\theta}} + \cdots + \frac{[H^+]^6}{K_{a_6}^{\theta} K_{a_5}^{\theta} \cdots K_{a_1}^{\theta}}$$

溶液的酸度越高，$\alpha_{Y(H)}$ 就越大，表明参加配位反应的 Y^{4-} 的浓度越小，酸效应越严重。只有当 $\alpha_{Y(H)}=1$ 时，说明 Y 没有发生副反应。因此，酸效应系数是判断 EDTA 能否滴定某金属离子的重要参数。不同 pH 时 EDTA 的 $\lg\alpha_{Y(H)}$ 见表 3-10。

表 3-10　不同 pH 时 EDTA 的 $\lg\alpha_{Y(H)}$

pH	$\lg\alpha_{Y(H)}$	pH	$\lg\alpha_{Y(H)}$	pH	$\lg\alpha_{Y(H)}$	pH	$\lg\alpha_{Y(H)}$
0.0	23.64	3.8	8.85	7.4	2.88	11.0	0.07
0.4	21.32	4.0	8.44	7.8	2.47	11.5	0.02
0.8	19.08	4.4	7.64	8.0	2.27	11.6	0.02
1.0	18.01	4.8	6.84	8.4	1.87	11.7	0.02
1.4	16.02	5.0	6.45	8.8	1.48	11.8	0.01
1.8	14.27	5.4	5.69	9.0	1.28	11.9	0.01
2.0	13.51	5.8	4.98	9.4	0.92	12.0	0.01
2.4	12.19	6.0	4.65	9.8	0.59	12.1	0.01
2.8	11.09	6.4	4.06	10.0	0.45	12.2	0.005
3.0	10.60	6.8	3.55	10.4	0.24	13.0	0.000 8
3.4	9.70	7.0	3.32	10.8	0.11	13.9	0.000 1

（2）金属离子的配位效应及配位效应系数

当 EDTA 与金属离子 M 配位时，溶液中如果有其他能与金属离子反应的配位剂 L（辅助配位体、缓冲溶液中的配位体或掩蔽剂等）存在，由于其他配位剂 L 与金属离子 M 的配位反应，会使金属离子 M 参加主反应的能力降低，这种现象称为金属离子的配位效应。其影响程度的大小用配位效应系数来衡量。配位效应系数为金属离子的总浓度［M′］与游离金属离子浓度［M］之比，用符号 $\alpha_{M(L)}$ 来表示，即

$$\alpha_{M(L)} = \frac{[M']}{[M]} = \frac{[M] + [ML_1] + [ML_2] + \cdots + [ML_n]}{[M]}$$

$$= 1 + \frac{[ML_1]}{[M]} + \frac{c[ML_2]}{c[M]} + \cdots + \frac{c[ML_n]}{c[M]}$$

$$= 1 + [L]K_1 + [L]^2K_2 + \cdots + [L]^nK_n$$

式中，K_1，K_2，$\cdots$，K_n 表示配合物 MLn 的各级稳定常数。由上式可见，当 $\alpha_{M(L)} = 1$ 时，［M′］=［M］，表示金属离子没有发生副反应；$\alpha_{M(L)}$ 值越大，表示金属离子 M 的副反应配位效应越严重。

（三）EDTA 标准滴定溶液的配制与标定

1. EDTA 标准滴定溶液的配制

EDTA 因常吸附 0.3% 的水分，且其中含有少量杂质而不能直接配制标准溶液，通常采用标定法配制 EDTA 标准溶液。

配位滴定对蒸馏水的要求较高，若配制溶液的水中含有 Ca^{2+}、Mg^{2+}、Pb^{2+}、Sn^{2+} 等，会消耗部分 EDTA，随测定情况的不同对测定结果产生不同的影响。若水中含有 Al^{3+}、Cu^{2+} 等，对某些指示剂有封闭作用，使终点难以判断。因此，在配位滴定中必须对所用蒸馏水的质量进行检查。为保证质量，最好选用去离子水或二次蒸馏水。

为防止 EDTA 溶液溶解玻璃瓶中的 Ca^{2+} 形成 CaY，EDTA 溶液应贮存在聚乙烯塑料瓶或硬质玻璃瓶中。

如配制 0.05 mol/L 的 EDTA 标准滴定溶液，取 $Na_2H_2Y \cdot 2H_2O$ 19 g，溶

于约 300 mL 的温纯化水中，冷却后用水稀释至 1L，摇匀贮存于聚乙烯塑料瓶或硬质玻璃瓶中，待标定。

2. EDTA 标准滴定溶液的标定

标定 EDTA 溶液的基准试剂很多，如纯金属锌、铜、铋、铅及氧化锌、碳酸钙等。国家标准中以氧化锌（ZnO）作基准试剂（使用前 ZnO 应在 800℃灼烧至质量恒定）。ZnO 溶解后，在 pH = 10 的氨性溶液中以铬黑 T 为指示剂进行标定，滴定终点很敏锐，由酒红色变为纯蓝色。

EDTA 标准溶液的配制与标定

如用 ZnO 作基准物质标定上述 0.05 mol/L 的 EDTA 标准滴定溶液，精密称取于 800℃灼烧至恒重的基准 ZnO 0.12 g，加稀盐酸 3 mL 使之溶解，加纯化水 25 mL 与 pH = 10 的氨－氯化铵缓冲液 10 mL，再加少量铬黑 T 指示剂，用 EDTA 滴定至溶液由酒红色变为纯蓝色即为终点。必要时用空白试验校正。根据滴定液的消耗量与 ZnO 的取用量，计算出 EDTA 溶液的浓度。

配位滴定的测定条件与待测组分及指示剂的性质有关。为了消除系统误差，提高测定的准确度，在选择基准试剂时应注意使标定条件与测定条件尽可能一致。例如，测定 Ca^{2+}、Mg^{2+} 用的 EDTA，最好用 $CaCO_3$ 作基准试剂进行标定。

三、金属指示剂

判断配位滴定终点的方法很多，最常用的是金属指示剂法。

（一）金属指示剂的作用原理

金属指示剂（In）是一些有机配位剂，在一定的 pH 值下，能和金属离子生成有色的配合物（MIn），其颜色与游离指示剂本身颜色有显著差别，从而指示滴定的终点。

$$In + M \rightleftharpoons MIn$$
$$\text{甲色} \qquad \text{乙色}$$

在滴定开始时，少量的金属离子 M 和金属指示剂 In 结合生成 MIn，溶液呈乙色。随着 EDTA 的加入，游离的金属离子逐渐被 EDTA 配位生成

MY。到终点时，金属离子 M 几乎全被配位，此时继续加入 EDTA，由于配合物 MY 的稳定性大于 MIn，稍过量的 EDTA 就夺取 MIn 中的金属离子 M，使指示剂游离出来，溶液颜色突变为甲色，指示到达终点。

$$MIn + Y \rightleftharpoons In + MY$$

　乙色　　　　　甲色

许多金属指示剂不仅具有配位剂的性质，而且通常是多元弱酸或多元弱碱，能随溶液 pH 变化而显示不同颜色，因此，使用金属指示剂也必须选用合适的 pH 范围。

（二）金属指示剂应具备的条件

1. 在滴定的 pH 范围内，游离指示剂 In 本身的颜色与它和 M 形成的配合物 MIn 的颜色应有显著的区别，这样才能使终点颜色变化明显，便于滴定终点的判断。

2. 指示剂与 M 的显色反应要灵敏、迅速，且有良好的可逆性。

3. 指示剂与 M 形成的有色配合物 MIn 要有适当的稳定性。如果 MIn 稳定性太差，则在化学计量点前，MIn 就会分解，使终点提前出现。MIn 的稳定性又不能太强，以免到达化学计量点时 EDTA 仍不能将指示剂取代出来，不发生颜色变化，使终点延后。因此，MIn 稳定性必须小于该金属离子与 EDTA 形成配合物的稳定性，一般要求二者稳定性应相差 100 倍以上。

4. 指示剂与 M 形成的配合 MIn 应易溶于水。

5. 指示剂应具有一定的选择性。

此外，指示剂的化学性质要稳定，不易氧化或分解，便于贮藏和使用。

（三）常用的金属指示剂

常用的金属指示剂见表 3-11。

表3-11 常用的金属指示剂

指示剂名称	适用的pH值范围	颜色变化		直接滴定的离子	指示剂配制方法	注意事项
		In	MIn			
铬黑T（简称BT或EBT）	8~10	蓝	红	pH=10, Mg^{2+}、Zn^{2+}、Cd^{2+}、Pb^{2+}、Mn^{2+}、稀土元素离子	1：100NaCl（研磨）或配成0.5%乙醇溶液	Fe^{3+}、Al^{3+}、Cu^{2+}、Ni^{2+}等离子封闭EBT
酸性铬蓝K	8~13	蓝	红	pH=10, Mg^{2+}、Zn^{2+}、Mn^{2+}; pH=13, Cd^{2+}	1：100NaCl（研磨）	
二甲酚橙（简称XO）	<6	亮黄	红	pH<1, ZrO^{2+}; pH=1~3.5: Bi^{3+}、Th^{4+}; pH=5~6, Tl^{3+}、Zn^{2+}、Pb^{2+}、Cd^{2+}、Hg^{2+}、稀土元素离子	0.5%乙醇或水溶液	Fe^{3+}、Al^{3+}、$Ni^{2+}Tl^{4+}$等离子封闭XO
磺基水杨酸（简称ssal）	1.5~2.5	无色	紫红	pH=1.5~2.5, Fe^{3+}	5%水溶液	ssal本身无色, FeY^-呈黄色
钙指示剂（简称NN）	12~13	蓝	红	pH=12~13, Ca^{2+}	1：100NaCl（研磨）	Tl^{4+}、Fe^{3+}、Al^{3+}、Cu^{2+}、Ni^{2+}、Co^{2+}、Mn^{2+}等离子封闭NN
1-(2-吡啶偶氮)-2-萘酚（简称PAN）	2~12	黄	紫红	pH=2~3, Th^{4+}、Bi^{3+}; pH=4~5, Cu^{2+}、Ni^{2+}、Pb^{2+}、Cd^{2+}、Zn^{2+}、Mn^{2+}、Fe^{2+}	0.1%乙醇溶液	Mn在水中溶解度小，为防止PAN置化，滴定时必须加热

（四）金属指示剂在使用中应注意的问题

1. 指示剂的封闭

金属指示剂在化学计量点时能从 MIn 配合物中释放出来，从而显示与 MIn 配合物不同的颜色来指示终点。在实际滴定中，如果 MIn 配合物的稳定性大于 MY 的稳定性，或存在其他干扰离子，且干扰离子 N 与 In 形成的配合物稳定性大于 MY 的稳定性，则在化学计量点时，Y 就不能夺取 MIn 中的 M，因而一直显示 MIn 的颜色，这种现象称为指示剂的封闭。

指示剂封闭现象通常采用加入掩蔽剂或分离干扰离子的方法消除。例如在 pH = 10 时，以铬黑 T 为指示剂滴定 Ca^{2+}、Mg^{2+} 总量时，Al^{3+}、Fe^{3+}、Cu^{2+}、Co^{2+}、Ni^{2+} 会封闭铬黑 T，使终点无法确定。这时就必须将它们分离或加入少量三乙醇胺（掩蔽 Al^{3+}、Fe^{3+}）和 KCN（掩蔽 Cu^{2+}、Co^{2+}、Ni^{2+}）以消除干扰。

2. 指示剂的僵化现象

在化学计量点附近，由于 Y 夺取 MIn 中的 M 时非常缓慢，因而指示剂的变色非常缓慢，导致终点拖长，这种现象称为指示剂的僵化。指示剂的僵化是由于有些指示剂本身或金属离子与指示剂形成的配合物在水中的溶解度太小，解决办法是加入有机溶剂或加热以增大其溶解度，从而加快反应速度，使终点变色明显。

3. 指示剂的氧化变质现象

金属指示剂大多为含有双键的有色化合物，易被日光、氧化剂、空气氧化，在水溶液中多不稳定，日久会变质。如铬黑 T 在 Mn（Ⅳ）、Ce（Ⅳ）存在下，会很快被分解褪色。为克服这一缺点，常配成固体混合物，或加入还原性物质如抗坏血酸、羟胺等，或临用时配制。

思考题

1. 什么是配合物？配合物的组成有哪些？

2. 配位滴定对化学反应有哪些要求？氨羧配位剂具有哪些结构特点？EDTA 与金属离子形成的配合物具有哪些特点？

3. 什么是 EDTA 的酸效应？什么是配位效应？

4.金属指示剂的作用原理是什么？金属指示剂应具备哪些条件？为什么金属指示剂使用时要求一定的 pH 值？

5.解释下列名词：

（1）配位原子；（2）配离子；（3）配位数；（4）螯合物。

技能点一　工业用水硬度的测定

📋 知识目标 - ●

1.掌握 EDTA 标准溶液的配制和标定方法；

2.学会判断配位滴定的终点；

3.了解缓冲溶液的应用；

4.掌握配位滴定的基本原理、方法和计算；

5.掌握铬黑 T、钙指示剂的使用条件和终点变化；

6.进一步掌握滴定分析基本仪器。

📋 能力目标 - ●

1.能熟练配制和标定 EDTA 标准溶液；

2.能熟练判断配位滴定的终点；

3.能正确使用缓冲溶液；

4.能准确及时记录实验数据并熟练进行配位滴定数据处理；

5.能熟练使用铬黑 T、钙指示剂判断终点变化；

6.能熟练使用滴定分析基本仪器。

一、测定原理

测定自来水的硬度，一般采用络合滴定法，用 EDTA 标准溶液滴定水中

的 Ca^{2+}、Mg^{2+} 总量，然后换算为相应的硬度单位。

用 EDTA 滴定 Ca^{2+}、Mg^{2+} 总量时，一般是在 pH = 10 的氨性缓冲溶液中进行，用 EBT（铬黑体）作指示剂。化学计量点前，Ca^{2+}、Mg^{2+} 和 EBT 生成紫红色络合物，当用 EDTA 溶液滴定至化学计量点时，游离出指示剂，溶液呈现纯蓝色。

由于 EBT 与 Mg^{2+} 显色灵敏度高，与 Ca^{2+} 显色灵敏度低，所以当水样中 Mg^{2+} 含量较低时，用 EBT 作指示剂往往得不到敏锐的终点。这时可在 EDTA 标准溶液中加入适量的 Mg^{2+}（标定前加入 Mg^{2+} 对终点没有影响）或者在缓冲溶液中加入一定量 Mg^{2+}–EDTA 盐，利用置换滴定法的原理来提高终点变色的敏锐性，也可采用酸性铬蓝 K–萘酚绿 B 混合指示剂，此时终点颜色由紫红色变为蓝绿色。

滴定时，Fe^{3+}，Al^{3+} 等干扰离子用三乙醇胺掩蔽，Cu^{2+}，Pb^{2+}，Zn^{2+} 等重金属离子则可用 KCN、Na_2S 或硫基乙酸等掩蔽。

本实验以 $CaCO_3$ 的质量浓度（mg/L）表示水的硬度。我国生活饮用水规定，总硬度以 $CaCO_3$ 计，不得超过 450 mg/L。

计算公式：水的硬度 = $\dfrac{C \times V}{\text{水样体积}} \times 100.09$（mg/L）

式中，C 为 EDTA 的浓度，V 为 EDTA 的体积，100.09 为 $CaCO_3$ 的摩尔质量。

二、仪器和试剂

1. EDTA 标准溶液（0.01 mo/L）：称取 2 g 乙二胺四乙酸二钠盐（$Na_2H_2Y \cdot 2H_2O$）于 250 mL 烧杯中，用水溶解稀释至 500 mL。如溶液需保存，最好将溶液储存在聚乙烯塑料瓶中。

2. 氨性缓冲溶液（pH = 10）：称取 20 g NH_4Cl 固体溶解于水中，加 100 mL 浓氨水，用水稀释至 1 L。

3. 铬黑体（EBT）溶液（5 g·L^{-1}）：称取 0.5 g 铬黑体，加入 25 mL 三乙醇胺、75 mL 乙醇

4. Na_2S 溶液（20 g/L）。

5. 三乙醇氨溶液（1+4）。

6. 盐酸（1+1）。

7. 氨水（1+2）。

8. 甲基红：1 g/L 60% 的乙醇溶液。

9. 镁溶液：1 g $MgSO_4 \cdot 7H_2O$ 溶解于水中，稀释至 200 mL。

10. $CaCO_3$ 基准试剂：120℃ 干燥 2 h。

11. 金属锌（99.99%）：取适量锌片或锌粒置于小烧杯中，用 0.1 mol/L HCl 清洗 1 min，以除去表面的氧化物，再用自来水和蒸馏水洗净，将水沥干，放入干燥箱中 100℃ 烘干（不要过分烘烤），冷却。

三、测定步骤

（一）EDTA 的标定

标定 EDTA 的基准物比较多，常用纯 $CaCO_3$，也可用纯金属锌标定，其方法如下：

1. 金属锌为基准物质：准确称取 0.17 ~ 0.20 g 金属锌置于 100 mL 烧杯中，用 1+1 HCl，5 mL 立即盖上干净的表面皿，待反应完全后，用水吹洗表面皿及烧杯壁，将溶液转入 250 mL 容量瓶中，用水稀释至刻度，摇匀。

用移液管平行移取 25.00 mL Zn^{2+} 的标准溶液三份分别于 250 mL 锥形瓶中，加甲基红 1 滴，滴加（1+2）的氨水至溶液呈现为黄色，再加蒸馏水 25 mL，氨性缓冲溶液 10 mL，摇匀，加 EBT 指示剂 2 ~ 3 滴，摇匀，用 EDTA 溶液滴至溶液有紫红色变为纯蓝色即为终点。计算 EDTA 溶液的准确浓度。

2. $CaCO_3$ 为基准物质：准确称取 $CaCO_3$ 0.2 ~ 0.25 g 于烧杯中，先用少量的水润湿，盖上干净的表面皿，滴加 1+1 HCl 10 mL，加热溶解。溶解后用少量水洗表面皿及烧杯壁，冷却后，将溶液定量转移 250 mL 容量瓶中，用水稀释至刻度，摇匀。

用移液管平行移取 25.00 mL 标准溶液三份分别加入 250 mL 锥形瓶中，加 1 滴甲基红指示剂，用（1+2）氨水溶液调至溶液由红色变为淡黄色，加 20 mL 水及 5 mL Mg^{2+} 溶液，再加入 pH = 10 的氨性缓冲溶液由红色变为纯蓝色即为终点，计算 EDTA 溶液的准确浓度。

（二）自来水样的分析

打开水龙头，先放数分钟，用已洗净的试剂瓶承接水样 500 ~ 1 000 mL，盖好瓶塞备用。

准确移取适量的水样（一般为 50 ~ 100 mL，视水的硬度而定），加入三乙醇胺 3 mL，氨性缓冲溶液 5 mL，EBT 指示剂 2 ~ 3 滴，立即用 EDTA 标准溶液滴至溶液由红色变为纯蓝色即为终点。平行移取三份，计算水的总硬度，以 $CaCO_3$ 表示。

四、数据处理

将 EDTA 的标定数据填写在表3-12中，将水硬度测定数据填写在表3-13中，并分别进行数据处理。

表 3-12　EDTA 的标定

待标定溶液名称			基准物名称			
天平编号			滴定管编号			
测定次数		1	2	3	备用	
基准物称量	敲样前称量瓶质量（g）					
	敲样后称量瓶质量（g）					
	基准物质量（g）					
滴定管初读数（mL）						
终点时滴定管读数（mL）						
滴定管体积校正值（mL）						
溶液温度（℃）						
温度补正值（ml/L）						
溶液体积温度校正值（mL）						
实际消耗 EDTA 标准溶液体积（mL）						
空白实验消耗 EDTA 标准溶液体积（mL）						

（续表）

测定次数	1	2	3	备用
EDTA 标准溶液浓度 c（EDTA）（mol/L）				
平均值 C（EDTA）（mol/L）				
极差的相对值（%）				
备注				

表 3-13　水硬度测定用表

天平编号			滴定管编号	
测定次数	1	2	3	备用
水液体积（mL）				
滴定管初读数（mL）				
终点时滴定管读数（mL）				
滴定管体积校正值（mL）				
溶液温度（℃）				
温度补正值（ml/L）				
溶液体积温度校正值（mL）				
实际消耗 EDTA 标准溶液体积（mL）				
空白实验消耗 EDTA 标准溶液体积（mL）				
EDTA 标准溶液浓度 C（EDTA）（mol/L）				
W [Ca^{2+}/Mg^{2+}]				
W [Ca^{2+}/Mg^{2+}] 平均值				
极差的相对值（%）				
备注				

教学单元三

氧化还原分析检验技术

知识点一　氧化还原滴定基本理论

📋 **知识目标** ----------------------------

1. 掌握高锰酸钾滴定分析方法的原理和应用；

2. 掌握重铬酸钾滴定分析方法的原理和应用；

3. 掌握碘量法的原理和应用。

📋 **能力目标** ----------------------------

1. 能准确配制和标定高锰酸钾标准溶液；

2. 能利用高锰酸钾标准溶液进行双氧水含量的分析；

3. 能准确配制重铬酸钾标准溶液并用于实践；

4. 能准确配制碘量法所用标准溶液并用于实践。

氧化还原滴定法是利用氧化还原反应为基础的滴定分析方法。它的应用很广泛，不仅可以用来直接测定氧化剂和还原剂，也可用来间接测定一些能和氧化剂或还原剂定量反应的物质。由于氧化还原反应机理复杂，许多反应的历程也不够清楚；还有许多反应速度慢，而且副反应又多，不能满足滴定分析的要求。能够用于氧化还原滴定分析的化学反应必须具备如下条件：

（1）滴定剂和被滴定物质对应的电对的条件电极电位差大于 0.40 V，反应可以定量进行。

模块三
化学分析检验技术

101

（2）有适当的方法或指示剂指示反应的终点。

（3）有足够快的反应速率。

一、氧化还原滴定基础知识

（一）氧化还原滴定的指示剂

氧化还原滴定可以用电势分析法确定终点，但经常使用的还是利用指示剂在化学计量点附近时颜色的改变来指示终点。常用的指示剂有以下几类：

1. 氧化还原指示剂

氧化还原指示剂本身是具有氧化还原性质的有机化合物，它的氧化型和还原型具有不同的颜色。在滴定至计量点附近，指示剂被氧化或还原，伴随着颜色的变化，从而指示滴定终点。例如常用的氧化还原指示剂二苯胺磺酸钠，它的氧化型呈红紫色，还原型呈无色。当用 $K_2Cr_2O_7$ 溶液滴定 Fe^{2+} 到化学计量点时，稍过量的 $K_2Cr_2O_7$，即将二苯胺磺酸钠由无色的还原型氧化为红紫色的氧化型，指示终点的到达。

如果用 In_{Ox} 和 In_{Red} 分别表示指示剂的氧化态和还原态，氧化还原指示剂的半反应可用下式表示

$$In_{Ox} + ne^- \rightleftharpoons In_{Red}$$

$$E = E_{In}^{\theta} + \frac{0.059 \text{ V}}{n} \lg \frac{c(In_{Ox})}{c(In_{Red})}$$

式中 E_{In}^{θ} 为指示剂的标准电极电势。当溶液中氧化还原电对的电势改变时，指示剂的氧化型和还原型的浓度比也会发生改变，因而使溶液的颜色发生变化。

与酸碱指示剂的变化情况相似，$\dfrac{c(In_{Ox})}{c(In_{Red})} \geqslant 10$ 时，溶液呈现氧化型的颜色，此时

$$E \geqslant E_{In}^{\theta} + \frac{0.059 \text{ V}}{n} \lg 10 = E_{In}^{\theta} + \frac{0.059 \text{ V}}{n}$$

当 $\dfrac{c(In_{Ox})}{c(In_{Red})} \leqslant \dfrac{1}{10}$ 时，溶液呈现还原型的颜色，此时，

$$E \leqslant E_{In}^{\theta} + \frac{0.059 \text{ V}}{n} \lg \frac{1}{10} = E_{In}^{\theta} - \frac{0.059 \text{ V}}{n}$$

故指示剂变色的电势范围为：

$$E_{In}^{\theta} \pm \frac{0.059 \text{ V}}{n}$$

在实际工作中，若有条件电极电势，得到指示剂变色的电势范围为：

$$E_{In}^{\theta'} \pm \frac{0.059 \text{ V}}{n}$$

当 $n = 1$ 时，指示剂变色的电势范围为 $E_{In}^{\theta'} \pm 0.059 \text{ V}$；$n = 2$ 时，为 $E_{In}^{\theta'} \pm 0.030 \text{ V}$。由于此范围甚小，一般就可用指示剂的条件电极电势来估量指示剂变色的电势范围。

表3-14列出了一些重要的氧化还原指示剂的条件电极电势及颜色变化。

表3-14　一些氧化还原指示剂的条件电极电势及颜色变化

指示剂	$E_{In}^{\theta'}/V$ $c(H^+) = 1 \text{ mol} \cdot L^{-1}$	颜色变化	
		氧化态	还原态
次甲基蓝	0.52	蓝	无色
二苯胺	0.76	紫	无色
二苯胺磺酸钠	0.84	红紫	无色
邻苯氨基苯甲酸	0.89	红紫	无色
邻二氮菲-亚铁	1.06	浅蓝	红

2. 自身指示剂

有些标准溶液或被滴定物质本身具有很深的颜色，而滴定产物无色或颜色很淡。在滴定时，该种试剂稍一过量就很容易察觉，该试剂本身起着指示剂的作用，叫作自身指示剂。例如 $KMnO_4$ 本身显紫红色，而其还原产物 Mn^{2+} 则几乎无色，所以用 $KMnO_4$ 来滴定无色或浅色还原剂时。一般不必另加指示剂，化学计量点后，MnO_4^- 过量 $2 \times 10^{-6} \text{ mol} \cdot L^{-1}$ 则使溶液呈粉红色。

3. 特殊指示剂

有些物质本身并不具有氧化还原性，但它能与滴定剂或被测物产生特殊的颜色，因而可指示滴定终点。例如，可溶性淀粉与 I_2 生成深蓝色吸附配合物，反应特效而灵敏，蓝色的出现与消失可指示终点。又如以 Fe^{3+} 滴定 Sn^{2+} 时，可用 KSCN 为指示剂，当溶液出现红色，即生成 Fe（Ⅲ）的硫氰酸配合物时，即为终点。

（二）常用的氧化还原滴定方法

氧化还原反应很多，但能用来作为氧化还原滴定的还是有限的，常见的主要有重铬酸钾法、高锰酸钾法、碘量法、铈量法、溴酸钾法等，下面重点介绍三种最常见的氧化还原滴定方法。

1. 高锰酸钾法

（1）概述

高锰酸钾是强氧化剂。在强酸性溶液中，$KMnO_4$ 还原为 Mn^{2+}：

$$MnO_4^- + 8H^+ + 5e^- \Longrightarrow Mn^{2+} + 4H_2O，E^\theta = 1.51\ V$$

在中性或碱性溶液中，还原为 MnO_2：

$$MnO_4^- + 2H_2O + 3e^- \Longrightarrow MnO_2\downarrow + 4OH^-，E^\theta = 0.588\ V$$

反应后生成棕褐色 MnO_2 沉淀，妨碍滴定终点的观察，这个反应在定量分析中很少应用。所以高锰酸钾法一般都在强酸性条件下使用。但 $KMnO_4$ 氧化有机物在强碱性条件下反应速率比在酸性条件下更快，所以用 $KMnO_4$ 法测定甘油、甲醇、甲酸、葡萄糖、酒石酸等有机物一般适宜在碱性条件下进行。在 NaOH 浓度大于 $2\ mol \cdot L^{-1}$ 的碱性溶液中，很多有机物与 $KMnO_4$ 反应。此时 MnO_4^- 被还原为 MnO_4^{2-}：

$$MnO_4^- + e^- \Longrightarrow MnO_4^{2-}，E^\theta = 0.564\ V$$

用 $KMnO_4$ 作氧化剂，可直接滴定许多还原性物质，如 Fe（Ⅱ）、H_2O_2、草酸盐等。

一些氧化性物质如 MnO_2、PbO_2、Pb_3O_4、$K_2Cr_2O_7$ 等，可用间接法测定。测定 MnO_2，可以在其 H_2SO_4 溶液中加入一定量的过量 $Na_2C_2O_4$ 或 $FeSO_4$ 等，用 $KMnO_4$ 标准溶液返滴定。

某些物质（如 Ca^{2+}）虽没有氧化还原性，但能与另一还原剂或氧化剂定量反应，也可以用间接法测定。例如将 Ca^{2+} 沉淀为 CaC_2O_4，然后用稀 H_2SO_4 将所得沉淀溶解，用 $KMnO_4$ 标准溶液滴定溶液中的 $C_2O_4^{2-}$，间接求得 Ca^{2+} 含量。显然，凡是能与 $C_2O_4^{2-}$ 定量沉淀的金属离子都能用该法测定。

高锰酸钾法利用化学计量点后稍微过量的 MnO_4^- 本身的粉红色来指示终点的到达。

高锰酸钾法的优点是 $KMnO_4$ 氧化能力强，应用广泛。但也因此可以和很多还原性物质发生作用，故干扰比较严重，反应历程比较复杂，易发生副反应，因此滴定时要严格控制条件。$KMnO_4$ 试剂常含少量杂质，其标准溶液不够稳定。已标定的 $KMnO_4$ 溶液放置一段时间后，应重新标定。

$KMnO_4$ 溶液可用还原剂作基准物来标定，$H_2C_2O_4 \cdot 2H_2O$、$Na_2C_2O_4$、$FeSO_4(NH_4)_2SO_4 \cdot 6H_2O$ 等都可用作基准物质。其中 $Na_2C_2O_4$ 不含结晶水，容易提纯，是最常用的基准物质。

在 H_2SO_4 溶液中，MnO_4^- 与 $C_2O_4^{2-}$ 的反应为：

$$2MnO_4^- + 5C_2O_4^{2-} + 16H^+ \rightleftharpoons 2Mn^{2+} + 10CO_2 \uparrow + 8H_2O$$

为了使此反应能定量地、较迅速地进行，应注意下述滴定条件：

①温度

在室温下此反应的速率缓慢，须将溶液加热至 75 ~ 85℃；但温度不宜过高，否则在酸性溶液中会使部分 $H_2C_2O_4$ 发生分解：

$$H_2C_2O_4 \rightleftharpoons CO_2 \uparrow + CO \uparrow + H_2O$$

②酸度

一般滴定开始时的最适宜酸度约为 $c(H^+) = 1\ mol \cdot L^{-1}$。若酸度过低 MnO_4^- 会部分被还原为 MnO_2 沉淀；酸度过高，又会促使 $H_2C_2O_4$ 分解。常在 H_2SO_4 介质中进行。

③滴定速度

由于 MnO_4^- 与 $C_2O_4^{2-}$ 的反应是自催化反应，滴定开始时，加入的第一滴 $KMnO_4$ 溶液褪色很慢，所以开始滴定时速度要慢些，在 $KMnO_4$ 红色未褪去之前，不要加入第二滴。当溶液中产生 Mn^{2+} 后，滴定速度才能逐渐加快。即使这样，也要等前面滴入的 $KMnO_4$ 溶液褪色之后，再滴加，否则部分加入的 $KMnO_4$ 溶液来不及与 $C_2O_4^{2-}$ 反应，此时在热的酸性溶液中会发生分解：

$$4MnO_4^- + 12H^+ \rightleftharpoons 4Mn^{2+} + 5O_2 \uparrow + 6H_2O$$

导致标定结果偏低。

终点后稍微过量的 MnO_4^- 使溶液呈现粉红色而指示终点的到达。该终点不太稳定，这是由于空气中的还原性气体及尘埃等落入溶液中能使 $KMnO_4$

缓慢分解，从而使粉红色消失，所以经过半分钟不褪色即可认为终点已到。

（2）应用示例

① H_2O_2 的测定

在酸性溶液中，H_2O_2 定量地被 MnO_4^- 氧化，其反应为：

$$2MnO_4^- + 5H_2O_2 + 6H^+ \Longrightarrow 2Mn^{2+} + 5O_2 \uparrow + 8H_2O$$

反应在室温下进行。反应开始速度较慢，但因 H_2O_2 不稳定，不能加热；随着反应进行，由于生成的 Mn^{2+} 催化了反应，使反应速度加快。

H_2O_2 不稳定，工业用 H_2O_2 中常加入某些有机化合物（如乙酰苯胺等）作为稳定剂，这些有机化合物大多能与 MnO_4^- 反应而干扰测定，此时最好采用碘量法测定 H_2O_2。生物化学中，过氧化氢酶能使 H_2O_2 分解。故可用过量的、已知量的 H_2O_2 与过氧化氢酶作用，剩余的 H_2O_2 在酸性条件下用 $KMnO_4$ 标准溶液回滴，以此间接测定过氧化氢酶的含量。

② Ca^{2+} 的测定

一些金属离子能与 $C_2O_4^{2-}$ 生成难溶草酸盐沉淀，如果将生成的草酸盐沉淀溶于酸中，再用 $KMnO_4$ 标准溶液来滴定 $H_2C_2O_4$，就可间接测定这些金属离子。钙离子就用此法测定。

正确沉淀 CaC_2O_4 的方法是将 Ca^{2+} 试液先用盐酸酸化，然后加入 $(NH_4)_2C_2O_4$。由于 $C_2O_4^{2-}$ 在酸性溶液中大部分以 $HC_2O_4^-$ 存在，$C_2O_4^{2-}$ 的浓度很小，此时即使 Ca^{2+} 浓度相当大，也不会生成 CaC_2O_4 沉淀。如果在加入 $(NH_4)_2C_2O_4$ 后把溶液加热至 70～80℃，滴入稀氨水，由于 H^+ 逐渐被中和，$C_2O_4^{2-}$ 浓度缓缓增加，结果可以生成粗颗粒结晶的 CaC_2O_4 沉淀。最后应控制溶液的 pH 值在 3.5 至 4.5 之间（甲基橙呈黄色）并继续保温约 30 分钟使沉淀陈化。这样不仅可避免其他不溶性钙盐的生成，而且便于过滤和洗涤所得 CaC_2O_4 沉淀。放置冷却后，过滤，洗涤，将 CaC_2O_4 溶于稀硫酸中，即可用 $KMnO_4$ 标准溶液滴定热溶液中由 CaC_2O_4 定量转化而成的 $H_2C_2O_4$。

③ 铁的测定

将试样溶解后（通常使用盐酸作为溶剂），生成的 Fe^{3+}（实际上是 $FeCl_4^-$、$FeCl_6^{3-}$ 等配离子）应先用还原剂还原为 Fe^{2+}，然后用 $KMnO_4$ 标准溶液滴定。在滴定前还应加入硫酸锰、硫酸及磷酸的混合液。

2. 重铬酸钾法

（1）概述

在酸性条件下 $K_2Cr_2O_7$ 是一常用的氧化剂。酸性溶液中与还原剂作用，$Cr_2O_7^{2-}$ 被还原成 Cr^{3+}：

$$Cr_2O_7^{2-} + 14H^+ + 6e^- \rightleftharpoons 2Cr^{3+} + 7H_2O \qquad E^{\theta} = 1.33 \text{ V}$$

重铬酸钾法
测定铁含量

重铬酸钾法需在强酸条件下使用，能测定许多无机物和有机物。此法具有以下一系列优点：

① $K_2Cr_2O_7$ 易于提纯，可用直接法配制标准溶液；

② $K_2Cr_2O_7$ 溶液相当稳定，只要保存在密闭容器中，浓度可长期保持不变；

③ 不受 Cl^- 还原作用的影响，可在盐酸溶液中进行滴定。

重铬酸钾法有直接法和间接法之分。对一些有机试样，在硫酸溶液中，常加入过量 $K_2Cr_2O_7$ 标准溶液，加热至一定温度，冷却后稀释，再用硫酸亚铁铵标准溶液返滴定。这种间接方法还可以用于腐殖酸肥料中腐殖酸的分析、电镀液中有机物的测定。

应用 $K_2Cr_2O_7$ 标准溶液进行滴定时，常用氧化还原指示剂，例如二苯胺磺酸钠或邻苯氨基苯甲酸等。使用 $K_2Cr_2O_7$ 时应注意废液处理，以免污染环境。

（2）应用示例

① 铁的测定

重铬酸钾法测定铁利用下列反应：

$$6Fe^{2+} + Cr_2O_7^{2-} + 14H^+ \rightleftharpoons 6Fe^{3+} + 2Cr^{3+} + 7H_2O$$

试样（铁矿石等）一般用 HCl 溶液加热分解后，用还原剂 $SnCl_2$ 将 Fe^{3+} 还原为 Fe^{2+}，其反应方程式为：

$$2Fe^{3+} + Sn^{2+} \rightleftharpoons 2Fe^{2+} + Sn^{4+}$$

过量 $SnCl_2$ 用 $HgCl_2$ 除去：

$$SnCl_2 + 2HgCl_2 \rightleftharpoons SnCl_4 + Hg_2Cl_2$$

适当稀释后用 $K_2Cr_2O_7$ 标准溶液滴定。

滴定时需要采用氧化还原指示剂，如二苯胺磺酸钠作指示剂。终点时溶液由绿色（Cr^{3+}颜色）突变为紫红色。

3. 碘量法

（1）概述

碘量法是利用I_2的氧化性和I^-的还原性来进行滴定的分析方法。由于固体I_2在水中的溶解度很小（0.001 33 mol·L^{-1}），实际应用时通常将I_2溶解在KI溶液中，此时I_2在溶液中以I_3^-形式存在：

$$I_2 + I^- \rightleftharpoons I_3^-$$

半反应为：

$$I_3^- + 2e^- \rightleftharpoons 3I^-, \quad E^{\theta'}\left(\frac{I_2}{I^-}\right) = 0.534\ 5\ V$$

这一电对的标准电极电势处在电极电势表中间，可见I_2是一较弱的氧化剂，即凡是电极电势小于$E^{\theta'}\left(\frac{I_2}{I^-}\right)$的还原性物质都能被$I_2$氧化，都有可能用$I_2$标准溶液进行滴定。这种方法称为直接碘量法，也称碘滴定法。例如钢铁中硫的测定，将试样在1 300℃的燃烧管中通O_2燃烧，使硫转化为SO_2后，再用I_2标准溶液滴定：

$$I_2 + SO_2 + 2H_2O \rightleftharpoons 2I^- + SO_4^{2-} + 4H^+$$

由于I_2的氧化能力不强，所以能被I_2氧化的物质有限。而且直接碘量法的应用受溶液中H^+浓度的影响较大，例如在较强的碱性溶液中就不能用I_2溶液滴定。因为当pH较高时，会发生如下副反应：

$$3I_2 + 6OH^- \rightleftharpoons IO_3^- + 5I^- + 3H_2O$$

这样就会给测定带来误差。在酸性溶液中，只有少数还原能力强、不受H^+浓度影响的物质才能发生定量反应。所以直接碘法的应用受到一定的限制。

另一方面I^-为一中等强度的还原剂，能被氧化剂（如$K_2Cr_2O_7$、$KMnO_4$、H_2O_2、KIO_3等）定量氧化而析出I_2，例如：

$$2MnO_4^- + 10I^- + 16H^+ \rightleftharpoons 2Mn^{2+} + 5I_2 + 8H_2O$$

析出的 I_2 用还原剂 $Na_2S_2O_3$ 标准溶液滴定：

$$I_2 + 2S_2O_3^{2-} \Longleftrightarrow 2I^- + S_4O_6^{2-}$$

因而可间接测定氧化性物质，这种方法称为间接碘量法。

凡能与 KI 作用定量地析出 I_2 的氧化性物质，以及能与过量 I_2 在碱性介质中作用的有机物质，都可用间接碘量法测定。

间接碘量法的基本反应为：

$$2I^- - 2e^- \Longleftrightarrow I_2$$

$$I_2 + 2S_2O_3^{2-} \Longleftrightarrow 2I^- + S_4O_6^{2-}$$

碘量法可能产生误差的来源有：

①I_2 具有挥发性，容易挥发损失；

②I^- 在酸性溶液中易为空气中氧所氧化：

$$4I^- + 4H^+ + O_2 \Longleftrightarrow 2I_2 + 2H_2O$$

此反应在中性溶液中进行极慢，但随着溶液中 H^+ 浓度增加而加快。若受阳光照射，反应速率增加更快。所以碘量法一般在中性或弱酸性溶液中及低温（$< 25℃$）下进行。I_2 溶液应保存于棕色密闭的试剂瓶中。在间接碘法中，氧化所析出的 I_2 必须在反应完毕后立即进行滴定，滴定最好在碘量瓶中进行。为了减少 I^- 与空气的接触，滴定时不应过度摇荡。

碘量法的终点常用淀粉指示剂来确定。在有少量 I^- 存在下，I_2 与淀粉反应形成蓝色吸附配合物，根据蓝色的出现或消失来指示终点。

淀粉溶液应新鲜配制，若放置过久，则与 I_2 形成的配合物不呈蓝色而呈紫或红色。

此外，碘量法也可利用 I_2 溶液的黄色作自身指示剂，但灵敏度较差。

（2）I_2 与硫代硫酸钠（$Na_2S_2O_3$）的反应

I_2 和 $Na_2S_2O_3$ 的反应是碘量法中最重要的反应，如果酸度和滴定速度控制不当会由于发生副反应而生成误差。I_2 和 $Na_2S_2O_3$ 的反应须在中性或弱酸性溶液中进行。因为在碱性溶液中，会同时发生如下反应：

$$Na_2S_2O_3 + 4I_2 + 10NaOH \Longleftrightarrow 2Na_2SO_4 + 8NaI + 5H_2O$$

在用 $Na_2S_2O_3$ 溶液滴定 I_2 之前，溶液应先中和成中性或弱酸性。

标定 $Na_2S_2O_3$ 溶液的基准物质有：纯碘、KIO_3、$KBrO_3$、$K_2Cr_2O_7$、$K_3[Fe(CN)_6]$、纯铜等。这些物质除纯碘外，都能与 KI 反应析出 I_2：

$$IO_3^- + 5I^- + 6H^+ \Longrightarrow 3I_2 + 3H_2O$$

$$BrO_3^- + 6I^- + 6H^+ \Longrightarrow Br^- + 3I_2 + 3H_2O$$

$$Cr_2O_7^{2-} + 6I^- + 14H^+ \Longrightarrow 2Cr^{3+} + 3I_2 + 7H_2O$$

$$2[Fe(CN)_6]^{3-} + 2I^- \Longrightarrow 2[Fe(CN)_6]^{4-} + I_2$$

$$2Cu^{2+} + 4I^- \Longrightarrow 2CuI \downarrow + I_2$$

析出的 I_2 用 $Na_2S_2O_3$ 标准溶液滴定。

标定时称取一定量的基准物，在酸性溶液中，与过量 KI 作用。析出的 I_2，以淀粉为指示剂，用 $Na_2S_2O_3$ 溶液滴定。标定时应注意：

硫代硫酸钠标准溶液的配制与标定

① 基准物质（如 $K_2Cr_2O_7$）与 KI 反应时，溶液的酸度愈大，反应速率愈快，但酸度太大时，I^- 容易为空气中的 O_2 所氧化，所以在开始滴定时，酸度一般以 $0.8 \sim 1.0 \ mol \cdot L^{-1}$ 为宜。

② $K_2Cr_2O_7$ 与 KI 的反应速率较慢，应将溶液在暗处放置一定时间（5 分钟），待反应完全后再以 $Na_2S_2O_3$ 溶液滴定。KIO_3 与 KI 的反应快，不需要放置。

③ 在以淀粉作指示剂时，应先以 $Na_2S_2O_3$ 溶液滴定至溶液呈浅黄色（大部分 I_2 已作用），然后加入淀粉溶液，用 $Na_2S_2O_3$ 溶液继续滴定至蓝色恰好消失，即为终点。淀粉指示剂若加入太早，则大量的 I_2 与淀粉结合成蓝色物质，这一部分碘就不容易与 $Na_2S_2O_3$ 反应，因而使滴定发生误差。

（3）应用示例

① 硫酸铜中铜的测定

二价铜盐与 I^- 的反应如下：

$$2Cu^{2+} + 4I^- \Longrightarrow 2CuI \downarrow + I_2$$

析出的碘再用 $Na_2S_2O_3$ 标准溶液滴定，就可计算出铜的含量。

② 测定矿石（铜矿等）、合金、炉渣或电镀液中的铜也可应用碘量法。用适当的溶剂将矿石等固体试样溶解后，再用上述方法测定。

③葡萄糖含量的测定

葡萄糖分子中所含的醛基，能在碱性条件下被过量 I_2 氧化成羧基，反应如下：

$$I_2 + 2OH^- \rightleftharpoons IO^- + I^- + H_2O$$

$$CH_2OH(CHOH)_4CHO + IO^- + OH^- \rightleftharpoons CH_2OH(CHOH)_4COO^- + I^- + H_2O$$

剩余的 IO^- 在碱性溶液中歧化进一步成 IO_3^- 和 I^-：

$$3IO^- \rightleftharpoons IO_3^- + 2I^-$$

溶液经酸化后又析出 I_2，反应为：

$$IO_3^- + 5I^- + 6H^+ \rightleftharpoons 3I_2 + 3H_2O$$

最后，以 $Na_2S_2O_3$ 标准溶液滴定析出的 I_2。

另外，很多具有氧化性的物质都可以用碘量法测定，如过氧化物、臭氧、漂白粉中的有效氯等。

技能点一　双氧水含量的测定

一、目的

1. 了解高锰酸钾标准溶液的配制方法和保存条件。

2. 掌握以 $Na_2C_2O_4$ 为基准物标定高锰酸钾溶液浓度的方法原理及滴定条件。

3. 掌握用高锰酸钾法测定过氧化氢含量的原理和方法。

高锰酸钾标准液
的配制与标定

二、原理

过氧化氢的含量可用高锰酸钾法测定。在酸性溶液中 H_2O_2 很容易被 $KMnO_4$ 氧化而生成游离的氧和水，其反应式如下：

$$5H_2O_2 + 2MnO_4^- + 6H^+ === 2Mn^{2+} + 8H_2O + 5O_2 \uparrow$$

开始反应时速度较慢，滴入第一滴 $KMnO_4$ 溶液时溶液不容易褪色，待生成 Mn^{2+} 之后，由于 Mn^{2+} 的催化，加快了反应速度，故能一直顺利地滴定到终点，根据 KMnO$_4$ 标准溶液的用量计算样品中 H$_2$O$_2$ 的含量。

三、试剂

1. H$_2$SO$_4$ 2 mol·L^{-1}；

2. KMnO$_4$ 标准溶液 0.02 mol·L^{-1}。

四、步骤

1. 0.02 mol·L^{-1} KMnO$_4$ 溶液的配制

2. KMnO$_4$ 溶液浓度的标定

准确称取 0.15 ~ 0.20 g Na$_2$C$_2$O$_4$ 基准物于 250 mL 锥形瓶中，加水约 20 mL 使之溶解，再加 15 mL 2 mol·L^{-1} 的 H$_2$SO$_4$ 溶液，并加热至 70 ~ 85℃，立即用待标定的 KMnO$_4$ 溶液滴定，滴至溶液呈淡红色经 30 s 不褪色，即为终点。

平行测定 2 ~ 3 次，根据滴定所消耗 KMnO$_4$ 溶液体积和基准物的质量，计算 KMnO$_4$ 溶液的浓度。

3. 样品的测定

用移液管吸取市售过氧化氢样品（质量分数约 30%）1.00 mL，置于 250 mL 容量瓶中，加水稀释至标线，充分混合均匀。再吸取稀释液 25.00 mL，置于 250 mL 锥形瓶中，加水 20 ~ 30 mL 和 H$_2$SO$_4$ 20 mL，用 KMnO$_4$ 标准溶液滴定至溶液呈粉红色经 30 s 不褪色，即为终点。根据 KMnO$_4$ 标准溶液用量，计算过氧化氢未经稀释的样品中 H$_2$O$_2$ 的质量浓度（用 mg·L^{-1} 表示）。

双氧水含量的测定

附注

1. 用 KMnO$_4$ 溶液滴定 H$_2$O$_2$ 时，不能用 HNO$_3$ 或 HCl 溶液来控制溶液酸度。

2. 过氧化氢样品若系工业产品，常加入少量乙酰苯胺等稳定剂，这时会造成误差，可改用碘量法测定。

思考题

1. 用 $Na_2C_2O_4$ 标定 $KMnO_4$ 溶液浓度时，酸度过高或过低有无影响？溶液的温度过高或过低有什么影响？

2. 标定 $KMnO_4$ 溶液时，为什么第一滴 $KMnO_4$ 溶液加入后红色褪去很慢，以后褪色较快？

3. 如何计算过氧化氢样品中 H_2O_2 的质量浓度？

4. 用 $KMnO_4$ 法测定 H_2O_2 时，为什么不能用 HNO_3 或 HCl 来控制溶液的酸度？

技能点二 COD 的测定

一、化学需氧量（COD）的测定

化学需氧量是指在一定条件下氧化 1 L 水中还原性物质所消耗氧化剂的量，以氧的质量浓度（mg/L）表示。它表示的是水体被还原性物质污染程度的一项主要指标。测定废水化学需氧量常用的方法有重铬酸钾法、高锰酸钾法和库仑滴定法。

（一）重铬酸钾法（COD）

此法适用于污染较为严重的水质。测定时，在水样中加入过量一定量的重铬酸钾标准溶液，并在强酸性介质中以硫酸银为催化剂，加热回流 2 h，使重铬酸钾氧化水样中的还原性物质，过量的重铬酸钾以试亚铁灵为指示剂，用硫酸亚铁铵标准溶液回滴，同样条件下做空白试验，由滴定消耗的硫酸亚铁铵的量换算成氧的质量浓度，即化学需氧量。

其计算公式为

$$COD(mg/L) = 8 \times \frac{c(V_0 - V)}{V_{样}} \times 1\,000$$

式中：c——硫酸亚铁铵标准溶液的浓度（mol/L）；

V_0——空白实验消耗硫酸亚铁铵标准溶液的体积（mL）；

V——水样测定中消耗硫酸亚铁铵标准溶液的体积（mL）；

$V_样$——水样体积（mL）；

8——$\frac{1}{4}$ O_2 的摩尔质量（g/mol）。

$K_2Cr_2O_7$ 氧化性很强，可将大部分有机物氧化，但吡啶不被氧化，芳香族有机物不易被氧化。挥发性直链脂肪族化合物、苯等有机物存在于蒸气相，不能与氧化剂液体接触，氧化不明显。由于氯离子能被 $K_2C_2O_7$ 氧化，并与硫酸银作用生成沉淀，影响测定结果，故在回流前加入适量的硫酸汞去除。若氯离子含量过高应将水样稀释后再测定。COD 值大于 50 mg/L 时，可用 0.25 mol/L 的 $K_2Cr_2O_7$ 液；COD 为 5 ~ 50 mol/L 时，可用 0.025 mol/L 的 $K_2Cr_2O_7$ 溶液。

（二）库仑滴定法

在空白溶液和试样溶液中加入同样量的重铬酸钾溶液，分别进行回流消解 15 min 冷却后各加入等量的硫酸铁溶液，在搅拌下进行库仑电解滴定，Fe^{3+} 在工作阴极上还原为 Fe^{2+}（滴定剂）滴定（还原）$Cr_2O_7^{2-}$。由电解产生亚铁离子所消耗的电荷量，依据法拉第电解定律进行结果计算。其计算公式为

$$COD(O_2,\ mg/L) = \frac{Q_s - Q_m}{96\ 500} \times \frac{8\ 000}{V_样}$$

式中：Q_s——标定重铬酸钾溶液（空白试验）所消耗的电荷量（C）；

Q_m——测定剩余重铬酸钾所消耗的电荷量（C）；

$V_样$——水样体积（mL）；

96 500——法拉第常量的数值。

此法简便，快速，试剂用量少，无须标准溶液，能缩短消化时间，氧化率与重铬酸钾法基本一致。适用于地表水和工业废水。当用 3 mL 0.05 mol/L 的重铬酸钾进行标定值测定时，检测浓度范围为 3 ~ 100 mol/L。

教学单元四

沉淀滴定分析检验技术

知识点一 沉淀滴定法基本理论

📋 **知识目标** --------------------------------●

1.掌握沉淀滴定法对沉淀反应的要求；

2.掌握莫尔法、佛尔哈德法、法扬斯法三种沉淀滴定法确定化学计量点的基本原理、滴定条件、应用范围及有关计算；

3.进一步理解分步沉淀和沉淀转化的概念。

📋 **能力目标** --------------------------------●

掌握莫尔法、佛尔哈德法、法扬斯法三种滴定分析方法的应用，在实际应用中能根据测定对象选择适当的滴定方法进行测定。

沉淀滴定法是以沉淀反应为基础的滴定分析方法。用于沉淀滴定的反应必须具备以下条件：

1.反应能定量地完成，沉淀的溶解度要小，在沉淀过程中也不易发生共沉淀现象；

2.反应速度要快，不易形成过饱和溶液；

3.有适当的方法确定滴定终点；

4.沉淀的吸附现象不影响滴定终点的确定。

虽然沉淀反应比较多，但由于受上述条件的限制，许多沉淀反应不能满足滴定分析要求，能用于沉淀滴定的不多。因此，沉淀滴定法应用并不广泛，目前应用较多的是生成难溶银盐的反应：

$$Ag^+ + X^- \rightleftharpoons AgX \downarrow \quad K_{sp} = [Ag^+][X^-]$$

$$X^- = Cl^-, Br^-, I^-, CN^-, SCN^-$$

生成难溶性银盐的这类滴定方法，习惯上称为银量法。银量法按照确定终点的方法不同，分为莫尔法、佛尔哈德法和法扬斯法。

一、莫尔法

莫尔法是以 K_2CrO_4 为指示剂，在中性或弱碱性介质中用 $AgNO_3$ 标准溶液测定卤素离子含量的方法。

（一）指示剂的作用原理

以测定 Cl^- 为例。在含有 Cl^- 的中性或弱碱性溶液中，以 K_2CrO_4 作指示剂，用 $AgNO_3$ 标准溶液滴定。这个方法的依据是多级沉淀原理，由于 AgCl 的溶解度比 Ag_2CrO_4 的溶解度小，因此在用 $AgNO_3$ 标准溶液滴定时，AgCl 先析出沉淀，当滴定剂 Ag^+ 与 Cl^- 达到化学计量点时，微过量的 Ag^+ 与 CrO_4^{2-} 反应析出砖红色的 Ag_2CrO_4 沉淀，指示滴定终点的到达。其反应为：

$$Ag^+ + Cl^- \rightleftharpoons AgCl \downarrow \text{白色}$$

$$2Ag^+ + CrO_4^{2-} \rightleftharpoons Ag_2CrO_4 \downarrow \text{砖红色}$$

（二）滴定条件

1.指示剂作用量

用 $AgNO_3$ 标准溶液滴定 Cl^-，指示剂 K_2CrO_4 的用量对于终点指示有较大的影响，CrO_4^{2-} 浓度过高或过低，Ag_2CrO_4 沉淀的析出就会过早或过迟，从而产生一定的终点误差。因此，要求 Ag_2CrO_4 沉淀应该恰好在滴定反应的化学计量点时出现。化学计量点时：

$$[Ag^+] = [Cl^-] = \sqrt{K_{sp,AgCl}^\theta} = \sqrt{1.56 \times 10^{-10}} = 1.25 \times 10^{-5} \text{ mol} \cdot L^{-1}$$

若此时恰有 Ag_2CrO_4 沉淀，则

$$\left[CrO_4^{2-} \right] = \frac{9.0 \times 10^{-12}}{\left(1.25 \times 10^{-5} \right)^2} = 5.8 \times 10^{-2} \, mol \cdot L^{-1}$$

在滴定时，由于 K_2CrO_4 显黄色，当其浓度较高时颜色较深，不易判断砖红色的出现。为了能观察到明显的终点，指示剂的浓度应略低一些为好。实验证明，滴定溶液中 K_2CrO_4 的浓度为 5×10^{-3} mol/L 是确定滴定终点的适宜浓度。

显然，K_2CrO_4 浓度降低后，要使 Ag_2CrO_4 析出沉淀，必须多加些 $AgNO_3$ 标准溶液，这时滴定剂就过量了，终点将在化学计量点后出现，但由于产生的终点误差一般都小于 0.1%，不会影响分析结果的准确度。但是如果溶液较稀，如用 0.010 00 mol/L $AgNO_3$ 标准溶液滴定 0.010 00 mol/L Cl^- 溶液，滴定误差可达 0.6%，影响分析结果的准确度，应做指示剂空白试验进行校正。

2. 滴定时的酸度

在酸性溶液中，CrO_4^{2-} 有如下反应：

$$2CrO_4^{2-} + 2H^+ \rightleftharpoons 2HCrO_4^- \rightleftharpoons Cr_2O_7^{2-} + H_2O$$

因而降低了 CrO_4^{2-} 的浓度，使 Ag_2CrO_4 沉淀出现过迟，甚至不会沉淀。

在强碱性溶液中，会有棕黑色 $Ag_2O \downarrow$ 沉淀析出：

$$2Ag^+ + 2OH^- \rightleftharpoons Ag_2O \downarrow + H_2O$$

因此，莫尔法只能在中性或弱碱性（pH = 6.5 ~ 10.5）溶液中进行。若溶液酸性太强，可用 $Na_2B_4O_7 \cdot 10H_2O$ 或 $NaHCO_3$ 中和；若溶液碱性太强，可用稀 HNO_3 溶液中和；而在有 NH_4^+ 存在时，滴定的 pH 范围应控制在 6.5 ~ 7.2 之间。

（三）应用范围

莫尔法主要用于测定 Cl^-、Br^- 和 Ag^+，如氯化物、溴化物纯度测定以及天然水中氯含量的测定。当试样中 Cl^- 和 Br^- 共存时，测得的结果是它们的总量。若测定 Ag^+，应采用返滴定法，即向 Ag^+ 的试液中加入过量的 NaCl 标准溶液，然后再用 $AgNO_3$ 标准溶液滴定剩余的 Cl^-。莫尔法不宜测定 I^- 和 SCN^-，因为滴定生成的 AgI 和 AgSCN 沉淀表面会强烈吸附 I^- 和 SCN^-，使滴定终点过早出现，造成较大的滴定误差。

例 1 测定氯化钠含量时，准确称取试样 3.856 0 g，加水溶解后置于 250 mL 容量瓶中，用水稀释至刻度，摇匀。准确吸取 10 mL 于 250 mL 锥形瓶中，加 40 mL 水，加铬酸钾指示剂，在充分摇动下，用 0.097 30 mol/L 硝酸银滴定剂滴定到浑浊溶液突变为微红色，消耗 22.43 mL。求试样中氯化钠的质量分数。已知 $M(NaCl) = 58.44$ g/mol。

解： 由题可知，测定氯化钠含量采用莫尔法直接滴定。

$$w(NaCl) = \frac{c(AgNO_3) \cdot V(AgNO_3) \cdot M(NaCl)}{m \times \dfrac{10.00 \text{ mL}}{250 \text{ mL}}} \times 100\%$$

$$= \frac{0.097\ 30 \text{ mol/L} \times 22.43 \times 10^{-3} \text{ L} \times 58.44 \text{ g/mol}}{3.856\ 0 \text{ g} \times \dfrac{10.00 \text{ mL}}{250 \text{ mL}}} \times 100\%$$

$$= 82.69\%$$

答：试样中 NaCl 的质量分数为 82.69%。

二、佛尔哈德法

佛尔哈德法是在酸性介质中，以铁铵矾 [$NH_4Fe(SO_4)_2 \cdot 12H_2O$] 作指示剂来确定滴定终点的一种银量法。根据滴定方式的不同，佛尔哈德法分为直接滴定法和返滴定法两种。

（一）直接滴定法测定 Ag^+

在含有 Ag^+ 的 HNO_3 介质中，以铁铵矾作指示剂，用 NH_4SCN 标准溶液直接滴定，当滴定到化学计量点时，微过量的 SCN^- 与 Fe^{3+} 结合生成红色的 $[FeSCN]^{2+}$ 即为滴定终点。其反应为：

$$Ag^+ + SCN^- \rule[0.5ex]{2em}{0.4pt} AgSCN \downarrow （白色）$$

$$Fe^{3+} + SCN^- \rule[0.5ex]{2em}{0.4pt} [FeSCN]^{2+} （红色）$$

由于指示剂中的 Fe^{3+} 在中性或碱性溶液中将形成 $[Fe(OH)]^{2+}$、$[Fe(OH)_2]^+$ 等深色配合物，碱度再大，还会产生 $Fe(OH)_3$ 沉淀，因此滴定应在酸性（0.3 ~ 1 mol/L）溶液中进行。

用 NH_4SCN 溶液滴定 Ag^+ 溶液时，生成的 AgSCN 沉淀能吸附溶液中的

Ag^+，使 Ag^+ 浓度降低，以至红色的出现略早于化学计量点。因此在滴定过程中需剧烈摇动，使被吸附的 Ag^+ 释放出来。

（二）返滴定法测定卤素离子

佛尔哈德法测定卤素离子（如 Cl^-、Br^-、I^- 和 SCN^-）时应采用返滴定法。即在酸性（HNO_3 介质）待测溶液中，先加入已知过量的 $AgNO_3$ 标准溶液，再用铁铵矾作指示剂，用 NH_4SCN 标准溶液回滴剩余的 Ag^+。反应如下：

$$Ag^+ + Cl^- \rightleftharpoons AgCl \downarrow （白色）$$
（过量）

$$Ag^+ + SCN^- \rightleftharpoons AgSCN \downarrow （白色）$$
（剩余量）

终点指示反应：　$Fe^{3+} + SCN^- \rightleftharpoons [FeSCN]^{2+} （红色）$

用佛尔哈德法测定 Cl^-，滴定到临近终点时，经摇动后形成的红色会褪去，这是因为 AgSCN 的溶解度小于 AgCl 的溶解度，加入的 NH_4SCN 将与 AgCl 发生沉淀转化反应

$$AgCl + SCN^- \rightleftharpoons AgSCN \downarrow + Cl^-$$

沉淀的转化速率较慢，滴加 NH_4SCN 形成的红色随着溶液的摇动而消失。这种转化作用将继续进行到 Cl^- 与 SCN^- 浓度之间建立一定的平衡关系，才会出现持久的红色，无疑滴定已多消耗了 NH_4SCN 标准滴定溶液。为了避免上述现象的发生，通常采用以下措施：

1. 试液中加入一定过量的 $AgNO_3$ 标准溶液之后，将溶液煮沸，使 AgCl 沉淀凝聚，以减少 AgCl 沉淀对 Ag^+ 的吸附。滤去沉淀，并用稀 HNO_3 充分洗涤沉淀，然后用 NH_4SCN 标准滴定溶液回滴滤液中的过量 Ag^+。

2. 在滴入 NH_4SCN 标准溶液之前，加入有机溶剂硝基苯或邻苯二甲酸二丁酯或 1, 2- 二氯乙烷。用力摇动后，有机溶剂将 AgCl 沉淀包住，使 AgCl 沉淀与外部溶液隔离，阻止 AgCl 沉淀与 NH_4SCN 发生转化反应。此法方便，但硝基苯有毒。

3. 提高 Fe^{3+} 的浓度以减小终点时 SCN^- 的浓度，从而减小上述误差。

佛尔哈德法在测定 Br^-、I^- 和 SCN^- 时，滴定终点十分明显，不会发生

沉淀转化，因此不必采取上述措施。但是在测定碘化物时，必须加入过量 $AgNO_3$ 溶液之后再加入铁铵矾指示剂，以免 I^- 对 Fe^{3+} 的还原作用而造成误差。

例 2 取烧碱试样 3.127 0 g，溶解后酸化转移至 250 mL 容量瓶中稀释至刻度。移取 25.00 mL 于锥形瓶中，加入 $c(AgNO_3) = 0.060\ 82$ mol/L 的 $AgNO_3$ 标准溶液 25.00 mL，用 $c(NH_4SCN) = 0.050\ 24$ mol/L 的 NH_4SCN 标准溶液返滴定过量的 $AgNO_3$ 标准溶液，消耗了 24.47 mL，计算烧碱中氯化钠的质量分数。已知 $W(NaCl) = 58.44$ g/mol。

解： 依题意知，该烧碱试样的测定采用佛尔哈德法返滴定。

$$Ag^+(过) + Cl^- === AgCl\downarrow(白色)$$

$$Ag^+(剩余量) + SCN^- === AgSCN\downarrow(白色)$$

终点时：$Fe^{3+} + SCN^- === FeSCN^{2+}(红色)$

$$w(NaCl) = \frac{[c(AgNO_3)\cdot V(AgNO_3) - c(NH_4SCN)\cdot V(NH_4SCN)]M(NaCl)}{m \times \dfrac{25.00\ mL}{250\ mL}} \times 100\%$$

$$= \frac{(0.060\ 82 \times 0.025\ 00 - 0.050\ 24 \times 0.024\ 47)\ mol \times 58.44\ g/mol}{3.127\ 0\ g \times \dfrac{25.00\ mL}{250\ mL}} \times 100\%$$

$$= 5.440\%$$

三、法扬斯法

法扬斯法是以吸附指示剂确定滴定终点的一种银量法。

（一）吸附指示剂的作用原理

吸附指示剂是一类有机染料，它的阴离子在溶液中易被带正电荷的胶状沉淀吸附，吸附后结构改变，从而引起颜色的变化，指示滴定终点的到达。

现以 $AgNO_3$ 标准溶液滴定 Cl^- 为例，说明指示剂荧光黄的作用原理。

荧光黄是一种有机弱酸，用 HFI 表示，在水溶液中可离解为荧光黄阴离子 FI^-，呈黄绿色：

$$HFI \Longleftrightarrow FI^- + H^+$$

在化学计量点前，生成的 AgCl 沉淀在过量的 Cl^- 溶液中，AgCl 沉淀

吸附 Cl^- 而带负电荷，形成的 $(AgCl)\cdot Cl^-$ 不吸附指示剂阴离子 FI^-，溶液呈黄绿色。达化学计量点时，微过量的 $AgNO_3$ 可使 AgCl 沉淀吸附 Ag^+ 形成 $(AgCl)\cdot Ag^+$ 而带正电荷，此带正电荷的 $(AgCl)\cdot Ag^+$ 吸附荧光黄阴离子 FI^-，结构发生变化呈现粉红色，使整个溶液由黄绿色变成粉红色，指示终点的到达。

（二）使用吸附指示剂的注意事项

为了使终点变色敏锐，应用吸附指示剂时需要注意以下几点：

1. 保持沉淀呈胶体状态。由于吸附指示剂的颜色变化发生在沉淀微粒表面上，因此，应尽可能使卤化银沉淀呈胶体状态，具有较大的表面积。为此，在滴定前应将溶液稀释，并加糊精或淀粉等高分子化合物作为保护剂，以防止卤化银沉淀凝聚。

2. 控制溶液酸度。常用的吸附指示剂大多是有机弱酸，而起指示剂作用的是它们的阴离子。酸度大时，H^+ 与指示剂阴离子结合成不被吸附的指示剂分子，无法指示终点。酸度的大小与指示剂的离解常数有关，离解常数大，酸度可以大些。

3. 避免强光照射。卤化银沉淀对光敏感，易分解析出银，使沉淀变为灰黑色，影响滴定终点的观察，因此在滴定过程中应避免强光照射。

4. 吸附指示剂的选择。沉淀胶体微粒对指示剂离子的吸附能力，应略小于对待测离子的吸附能力，否则指示剂将在化学计量点前变色。但不能太小，否则终点出现过迟。卤化银对卤化物和几种吸附指示剂的吸附能力的次序如下：

$$I^- > SCN^- > Br^- > 曙红 > Cl^- > 荧光黄$$

因此，滴定 Cl^- 不能选曙红，而应选荧光黄。表 3-15 中列出了几种常用的吸附指示剂及其应用。

表 3-15　常用吸附指示剂

指示剂	被测离子	滴定剂	滴定条件	终点颜色变化
荧光黄	Cl^-、Br^-、I^-	$AgNO_3$	pH 7～10	黄绿→粉红

（续表）

指示剂	被测离子	滴定剂	滴定条件	终点颜色变化
二氯荧光黄	Cl^-、Br^-、I^-	$AgNO_3$	pH 4～10	黄绿→红
曙红	Br^-、SCN^-、I^-	$AgNO_3$	pH 2～10	橙黄→红紫
溴酚蓝	生物碱盐类	$AgNO_3$	弱酸性	黄绿→灰紫
甲基紫	Ag^+	NaCl	酸性溶液	黄红→红紫

（三）应用范围

法扬斯法可用于测定 Cl^-、Br^-、I^- 和 SCN^- 及生物碱盐类等。此法终点明显，方法简便，但反应条件要求较严，应注意溶液的酸度，浓度及胶体的保护等。

四、三种沉淀滴定法比较

表 3-16 莫尔法、佛尔哈德法和法扬斯法比较

	莫尔法	佛尔哈德法	法扬斯法
指示剂	K_2CrO_4	Fe^{3+}	吸附指示剂
滴定剂	$AgNO_3$	SCN^-	Cl^- 或 $AgNO_3$
滴定反应	$Ag^+ + Cl^- \rightleftharpoons$ $AgCl\downarrow$（白色）	$Ag^+ + SCN^- \rightleftharpoons AgSCN\downarrow$（白色）	$Ag^+ + Cl^- \rightleftharpoons AgCl$
指示反应	$2Ag^+ + CrO_4^{2-} \rightleftharpoons$ $Ag_2CrO_4\downarrow$（砖红色）	$SCN^- + Fe^{3+} \rightleftharpoons$ $[FeSCN]^{2+}$（红色）	$(AgCl)Ag^+ + FIn^- \rightleftharpoons$ $(AgCl)Ag^+ \cdot FIn$
酸度	$pH = 6.5～10.5$	$0.1～1\ mol \cdot L^{-1}\ HNO_3$ 介质	与指示剂的 K_a 大小有关，使其以 FIn^- 形体存在
滴定对象	Cl^-，CN^-，Br^-	直接滴定法测 Ag^+；返滴定法测 Cl^-，Br^-，I^-，SCN^-，PO_4^{3-} 和 AsO_4^{3-} 等	Cl^-，Br^-，SCN^-，SO_4^{2-} 和 Ag^+ 等

技能点一　水中氯离子含量的测定

📋 **知识目标** - ●

1. 掌握硝酸银（AgNO₃）标准溶液的配制和标定方法；

2. 学会判断配位滴定的终点；

3. 了解缓冲溶液的应用；

4. 掌握用莫尔法测定氯离子的方法和原理；

5. 掌握铬酸钾指示剂的使用条件和终点变化；

6. 进一步掌握前面学过的仪器。

📋 **能力目标** - ●

1. 能熟练配制和标定硝酸银标准溶液；

2. 能熟练判断配位滴定的终点；

3. 能正确使用缓冲溶液；

4. 能准确及时记录实验数据并熟练进行沉淀滴定数据处理；

5. 能熟练使用铬酸钾指示剂判断终点变化；

6. 能熟练使用滴定分析基本仪器。

一、实验原理

银量法常用于生活用水、工业用水、环境水、药品、食品及某些可溶性氯化物中氯含量的测定。此法是在中性或弱碱性溶液中，以 K_2CrO_4 为指示剂，用 $AgNO_3$ 标准溶液进行滴定。由于 AgCl 的溶解度比 Ag_2CrO_4 的小，因此溶液中首先析出 AgCl 沉淀。当 AgCl 定量析出后，过量 1 滴 $AgNO_3$ 溶液即与 CrO_4^{2-} 生成砖红色 Ag_2CrO_4 沉淀，表示达到终点。主要反应式如下：

$$Ag^+ + Cl^- \Longrightarrow AgCl \downarrow（白色），K_{sp}=1.56 \times 10^{-10}$$

$$Ag^+ + CrO_4^{2-} \Longrightarrow Ag_2CrO_4 \downarrow（砖红色），K_{sp}=9.0 \times 10^{-12}$$

滴定必须在中性或弱碱性溶液中进行，最适宜 pH 范围为 6.5 ~ 10.5。酸度过高，不产生 Ag_2CrO_4 沉淀；酸度过低，则形成 Ag_2O 沉淀。

二、仪器与药品

1. 仪器

酸式滴定管（50 mL，棕色）、容量瓶、移液管、量筒、锥形瓶、烧杯、干燥器。

2. 药品

NaCl 基准试剂：在 500 ~ 600℃ 灼烧半小时后，放置干燥器中冷却，也可将 NaCl 置于带盖的瓷坩埚中，加热，并不断搅拌，待爆炸声停止后，将坩埚放入干燥器中冷却后使用；

水中氯离子
含量的测定

$AgNO_3$ 0.1 mol · L^{-1}：溶解 8.5 g $AgNO_3$ 于 500 mL 不含 Cl^- 的蒸馏水中，将溶液转入棕色试剂瓶中，置暗处保存，以防止见光分解；

5% 的 K_2CrO_4 溶液。

三、测定步骤

1. $AgNO_3$ 溶液的标定

准确称取 0.5 ~ 0.6 g 基准 NaCl，置于小烧杯中，用蒸馏水溶解后，转入 100 mL 容量瓶中，加水稀释至刻度，摇匀。准确移取 25.00 mL NaCl 标准溶液注入锥形瓶中，加入 25 mL 水，加入 1 mL 5% K_2CrO_4 溶液，在不断摇动下，用 $AgNO_3$ 溶液滴定至呈现砖红色即为终点。

硝酸银标准溶液
的配制与标定

2. 试样分析

用移液管准确量取 100.0 mL 水样于锥形瓶中，加入 1 mL 5% K_2CrO_4 指示剂，在不断摇动下，用 $AgNO_3$ 标准溶液滴定至呈现微砖红色即为终点。

平行测定三份，计算水样中微量氯的平均含量。

四、数据记录与处理

将标定和测定数据记录在表 3-17 和表 3-18 中，并进行数据处理。

表 3-17　硝酸银溶液的标定

次数项目	1	2	3
m_1（NaCl+ 称量瓶）（g）			
m_2（NaCl+ 称量瓶）（g）			
m（NaCl）（g）			
初读数 V_1（AgNO$_3$）（mL）			
终读数 V_2（AgNO$_3$）（mL）			
V（AgNO$_3$）（mL）			
c（AgNO$_3$）（mol·L^{-1}）			
$\bar{c}$（AgNO$_3$）（mol·L^{-1}）			
相对平均偏差（%）			

表 3-18　试样分析

次数项目	1	2	3
V_1（水样）（mL）			
初读数 V_1（AgNO$_3$）（mL）			
终读数 V_2（AgNO$_3$）（mL）			
V（AgNO$_3$）（mL）			
w（Cl）（%）			
$\bar{w}$（Cl）（%）			
相对平均偏差（%）			

五、注意事项

1. 指示剂用量大小对测定有影响，必须定量加入。溶液较稀时，须作指示剂的空白校正，方法如下：取 1 cm³ K₂CrO₄ 指示剂溶液，加入适量水，然后加入无 Cl⁻ 的 CaCO₃ 固体（相当于滴定时 AgCl 的沉淀量），制成相似于实际滴定的浑浊溶液。逐渐滴入 AgNO₃，至与终点颜色相同为止，记录读数。

2. 沉淀滴定中，为减少沉淀对被测离子的吸附，一般滴定的体积以大些为好，故须加水稀释试液。

3. 银为贵金属，含 AgCl 的废液应回收处理。

思考题

1. AgNO₃ 标准溶液应装在酸式滴定管还是碱式滴定管中？为什么？

2. 配制 AgNO₃ 标准溶液的容器用自来水洗后，若不用蒸馏水洗，而直接用来配制 AgNO₃ 标准溶液，将会出现什么现象？为什么会出现该现象？

3. 配制好的 AgNO₃ 溶液要贮于棕色瓶中，并置于暗处，为什么？

4. 莫尔法测氯时，为什么溶液的 pH 值须控制在 6.5 ~ 10.5？

教学单元五

重量分析法

知识点一　重量分析法基本理论

一、重量分析法概述

（一）定义

重量分析法，是通过适当方法把被测组分从试样中分离出来，转化为可准确称量的形式，然后用称量的方法测定该组分含量的分析方法。

（二）重量分析法的分类

根据分离法的不同分类，重量分析法可分为挥发法、沉淀法和电解法三大类。

1. 挥发法

利用物质的挥发性，通过加热或其他方法使试样中的待测组分挥发逸出，根据试样质量的减少计算该组分的含量。

2. 沉淀法

使欲测组分转化为难溶化合物从溶液中沉淀出来，经过滤、洗涤、干燥或灼烧后称量而进行测定的方法。

例如，测定试液中 SO_4^{2-} 含量时，在试液中加入过量 $BaCl_2$ 溶液，使 SO_4^{2-} 完全生成难溶的 $BaSO_4$ 沉淀，经过滤、洗涤、干燥后，称量 $BaSO_4$ 的质量，从而计算试液中硫酸根离子的含量。

3. 电解法

用电子作沉淀剂，使金属离子在电极上还原析出，然后称量。

（三）重量分析法的特点

1. 成熟的经典法，无标样分析法，用于仲裁分析。

2. 用于常量组分的测定，准确度高，相对误差在 0.1% ~ 0.2% 之间。

3. 耗时多、周期长，操作烦琐。

4. 常量的硅、硫、镍等元素的精确测定仍采用重量分析法。

（四）沉淀重量法的分析过程与对沉淀的要求

沉淀形式：即沉淀的化学组成。

称量形式：沉淀经烘干或灼烧后，供最后称量的化学组成称为称量形式。

在重量分析法中，为获得准确的分析结果，沉淀形式和称量形式必须满足以下要求：

1. 沉淀重量分析法对沉淀形式的要求为：

（1）溶解度小，以保证沉淀完全；

（2）沉淀的结晶形态好，以便于过滤、洗涤；

（3）沉淀的纯度高；

（4）沉淀形沉淀易于转化为称量形沉淀。

2. 沉淀重量分析法对称量形式的要求为：

（1）有确定的化学组成；

（2）稳定，不易与 CO_2、H_2O、O_2 反应；

（3）摩尔质量足够大，可以减小称量误差。

（五）沉淀剂的特点和选择

1. 沉淀剂的分类和特点

按照物质的组成不同，沉淀剂可分为无机沉淀剂和有机沉淀剂。无机沉淀剂的选择性较差，产生的沉淀溶解度较大，吸附杂质较多。如果生成的是无定形沉淀，不仅吸附杂质多，而且不易过滤和洗涤。下面主要讨论有机沉淀剂。

（1）特点

与无机沉淀剂相比较，有机沉淀剂具有下列特点：

① 选择性高。有机沉淀剂在一定条件下，一般只与少数离子起沉淀反应。

② 沉淀的溶解度小。由于有机沉淀的疏水性强，所以溶解度较小，有利于沉淀完全。

③ 沉淀吸附杂质少。因为沉淀的极性小，吸附杂质离子少，易于获得纯净的沉淀。

④ 沉淀称量形式的摩尔质量大。

（2）类型

按作用原理不同，有机沉淀剂可以大致分为生成螯合物的沉淀剂和生成离子缔合物的沉淀剂两种类型。

2. 沉淀剂的选择

（1）选用具有较好选择性的沉淀剂。

（2）选用能与待测离子生成溶解度最小沉淀的沉淀剂。

（3）尽可能选用易挥发或经灼烧易除去的沉淀剂。

（4）选用溶解度较大的沉淀剂。

二、沉淀的溶解度及其影响因素

沉淀溶解平衡与其他化学平衡类似，溶解度数值大小由难溶化合物的本性决定，同时受外界条件如溶液中的相同离子、离子强度、温度、溶剂、沉淀颗粒度大小、溶液酸度、氧化还原物质、配位剂等的影响，下面主要讨论前五个影响因素。

（一）同离子效应

根据化学平衡移动规律，在难溶电解质体系中加入含有相同离子的易溶强电解质时，体系中多相离子平衡体系向生成沉淀的方向移动，难溶物质的溶解度降低，这种现象称为沉淀反应的同离子效应。

例 1 已知 $K_{sp}^{\theta}(BaSO_4) = 1.08 \times 10^{-10}$，试比较 $BaSO_4$ 在 1.0 L 纯水，以及在 1.0 L $c(SO_4^{2-}) = 0.10$ mol/L 溶液中的溶解损失。

解：（1）设纯水中 $BaSO_4$ 的溶解度为 S_1，

$$S_1 = \sqrt{K_{sp}^{\theta}(BaSO_4)} = \sqrt{1.08 \times 10^{-10}} = 1.04 \times 10^{-5}$$

溶解损失：

$$m_1 = S_1 \times V \times M = 1.04 \times 10^{-5} \times 1.0 \times 233.4 = 2.43 \text{ mg}$$

（2）设在 SO_4^{2-} 溶液中 $BaSO_4$ 的溶解度为 S_2，

$$c'(Ba^{2+}) \times c'(SO_4^{2-}) = S_2 (S_{2+0.010}) = K_{sp}^{\theta} = 1.08 \times 10^{-10}$$

因 S_2 不会太大，$S_2 + 0.10 \approx 0.10$

解得 $S_2 = 1.08 \times 10^{-9}$

溶解损失：$m_2 = 1.08 \times 10^{-9} \times 1.0 \times 233.4 = 0.000\ 252 \text{ mg}$

计算结果表明，平衡体系中 SO_4^{2-} 离子浓度增加时，溶解度从纯水中的 1.04×10^{-5} mol/L 降低到 1.08×10^{-9} mol/L，溶解损失 $BaSO_4$ 的质量从 2.43 mg 降低为 0.000 252 mg，减少约万倍。

不同的应用领域对溶解损失的要求是不同的。分析化学中的重量分析一般要求溶解损失不得超过分析天平的称量误差（0.2 mg）。即使工业生产中也要尽量减少沉淀的溶解损失，避免浪费和环境污染，降低生产成本。

因此，在进行沉淀时，可以加入适当过量的沉淀剂，以减少沉淀的溶解损失。对一般的沉淀分离或制备，沉淀剂一般过量20%~50%即可；而重量分析中，对不易挥发的沉淀剂，一般过量20%~30%，易挥发的沉淀剂，一般过量50%~100%。另外，洗涤沉淀时，也可以根据情况及要求选择合适的洗涤剂以减少洗涤过程的溶解损失。

（二）盐效应

在难溶电解质体系中加入其他易溶电解质，由于溶液中的离子强度增大，会使难溶电解质的溶解度增大，而且加入的电解质浓度越大，难溶物的溶解度也越大，这种现象称为盐效应。

图3-6表示了 AgCl 和 $BaSO_4$ 在不同浓度的 KNO_3 溶液中的溶解度变化。

很明显，随着 KNO_3 浓度的不断

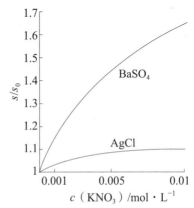

图3-6 AgCl 和 $BaSO_4$ 在不同浓度的 KNO_3 溶液中的溶解度变化

增大，AgCl 和 BaSO$_4$ 的溶解度均随之增大；另外，还可以看出，在相同的 KNO$_3$ 浓度条件下，盐效应对 BaSO$_4$ 溶解度的影响要大于对 AgCl 的影响。

其实，在发生同离子效应时，盐效应也存在，只是它的影响一般要比同离子效应小得多。表 3-19 中 PbSO$_4$ 在不同浓度 Na$_2$SO$_4$ 溶液中的溶解度变化就能说明这点。

表 3-19　PbSO$_4$ 在不同浓度 Na$_2$SO$_4$ 溶液中的溶解度（实验值）

Na$_2$SO$_4$ 浓度（mol/L）	0	0.01	0.04	0.10	0.20
PbSO$_4$ 溶解度（mol/L）	1.5×10^{-4}	1.6×10^{-5}	1.3×10^{-5}	1.6×10^{-5}	2.3×10^{-5}

由表 3-19 可见，当 Na$_2$SO$_4$ 浓度在 0.01 ~ 0.04 mol/L 时，同离子效应占主导作用，PbSO$_4$ 溶解度较水中的溶解度低；当 Na$_2$SO$_4$ 浓度大于 0.04 mol/L 后，盐效应的作用开始抵消同离子效应，占一定的统治地位，PbSO$_4$ 溶解度反而增大。

（三）温度

大多数沉淀物质的溶解过程为吸热过程。因此，一般沉淀的溶解度是随温度的升高而增大的。

（四）溶剂

一般无机物沉淀在有机溶剂中的溶解度要比在水中的溶解度小。如 CaSO$_4$ 在水中的溶解度较大，只有在 Ca^{2+} 离子浓度很大时才能沉淀，一般情况下难以析出沉淀。但是，若加入乙醇，沉淀便会产生了。

另外，不同无机物在同一有机溶剂中的溶解度一般不同，同一无机物在不同有机溶剂中的溶解度也不同。

（五）沉淀的颗粒度等

一般来说，对于同一种沉淀，颗粒越小，溶解度越大。

对于有些沉淀，刚生成的亚稳态晶型沉淀经放置一段时间后转变成稳定晶型，溶解度往往会大大降低。

三、重量分析的计算

（一）重量分析中的换算因数

重量分析是根据称量形式的质量来计算待测组分的含量。称量形式与待测组分的形式往往是不同的，待测组分与称量形式乘以适当系数后的摩尔质量之比称为化学因数。待测组分的化学因数可按下式计算：

$$w_B = \frac{m_F}{m_s} \times 100\%$$

式中：m——待测组分称量形式的质量；

$\quad\quad m_s$——待测试样的质量。

1. 当最后称量形式与被测组分形式一致时，计算其分析结果就比较简单了。例如，测定要求计算 SiO_2 的含量，重量分析最后称量形式也是 SiO_2，其分析结果按下式计算：

$$w_{SiO_2} = \frac{m_{SiO_2}}{m_s} \times 100\%$$

式中：w_{SiO_2}——SiO_2 的质量分数（数值以 % 表示）；

$\quad\quad m_{SiO_2}$——SiO_2 沉淀质量（g）；

$\quad\quad m_s$——试样质量（g）。

2. 如果最后称量形与被测组分形式不一致时，分析结果就要进行适当的换算。如测定钡时，得到 $BaSO_4$ 沉淀 0.505 1 g，可按下列方法换算成被测组分钡的质量。

$$BaSO_4 \longrightarrow Ba$$

$$233.4 \quad\quad\quad 137.4$$

$$0.505\ 1g \quad\quad m_{Ba}\ g$$

$$m_{Ba} = 0.505\ 1 \times \frac{137.4}{233.4} = 0.297\ 3\ g$$

即

$$m_{Ba} = m_{BaSO_4} \times \frac{M(Ba)}{M(BaSO_4)}$$

式中：m_{BaSO_4}——称量形式 $BaSO_4$ 的质量（g）。

$\dfrac{M(\text{Ba})}{M(\text{BaSO}_4)}$ 是将 BaSO_4 的质量换算成 Ba 的质量的分式，此分式是一个常数，与试样质量无关。这一比值通常称为换算因数或化学因数（即欲测组分的摩尔质量与称量形式的摩尔质量之比，常用 F 表示）。将称量形式的质量换算成所要测定组分的质量后，即可按前面计算 SiO_2 分析结果的方法进行计算。

求算换算因数时，一定要注意使分子和分母所含被测组分的原子或分子数目相等，所以在待测组分的摩尔质量和称量形式摩尔质量之前有时需要乘以适当的系数。例如，待测组分的形式为 Fe，Fe_3O_4，它们的换算因数分别为：

$$F = \dfrac{M(\text{Fe})}{M\left(\dfrac{1}{2}\text{Fe}_2\text{O}_3\right)}$$

$$F = \dfrac{M\left(\dfrac{1}{3}\text{Fe}_3\text{O}_4\right)}{M\left(\dfrac{1}{2}\text{Fe}_2\text{O}_3\right)}$$

硫酸钡含量
的测定

分析化学手册中可查到常见物质的换算因数。下表 3-20 列出几种常见物质的换算因数。

表 3-20　几种常见物质的换算因数

被测组分	沉淀形式	称量形式	换算因数
Fe	$\text{Fe}_2\text{O}_3 \cdot n\text{H}_2\text{O}$	Fe_2O_3	$\dfrac{2M(\text{Fe})}{M(\text{Fe}_2\text{O}_3)} = 0.699\,4$
Fe_3O_4	$\text{Fe}_2\text{O}_3 \cdot n\text{H}_2\text{O}$	Fe_2O_3	$\dfrac{2M(\text{Fe}_3\text{O}_4)}{3M(\text{Fe}_2\text{O}_3)} = 0.966\,6$
P	$\text{MgNH}_4\text{PO}_4 \cdot 6\text{H}_2\text{O}$	$\text{Mg}_2\text{P}_2\text{O}_7$	$\dfrac{2M(\text{P})}{M(\text{Mg}_2\text{P}_2\text{O}_7)} = 0.278\,3$
P_2O_5	$\text{MgNH}_4\text{PO}_4 \cdot 6\text{H}_2\text{O}$	$\text{Mg}_2\text{P}_2\text{O}_7$	$\dfrac{\text{P}_2\text{O}_5}{\text{Mg}_2\text{P}_2\text{O}_7} = 0.637\,7$
MgO	$\text{MgNH}_4\text{PO}_4 \cdot 6\text{H}_2\text{O}$	$\text{Mg}_2\text{P}_2\text{O}_7$	$\dfrac{2\text{MgO}}{\text{Mg}_2\text{P}_2\text{O}_7} = 0.362\,1$
S	BaSO_4	BaSO_4	$\dfrac{\text{S}}{\text{BaSO}_4} = 0.137\,4$

（二）结果计算示例

例 2 测定某试样中铁的含量时，称取样品重 $m(x)$ 为 0.250 0 g，经处理后其沉淀形式为 $Fe(OH)_3$，然后灼烧为 Fe_2O_3，称得其质量 $m(s)$ 为 0.124 5 g，求此试样中铁的质量分数。若以 Fe_3O_4 表示结果，其组成质量分数又为多少？

解： 以铁表示时：

$$\omega_{Fe} = \frac{m(s) \times \dfrac{2M(Fe)}{M(Fe_2O_3)}}{m(x)} \times 100\%$$

$$= \frac{0.124\ 5\ g \times \dfrac{2 \times 55.85\ g/mol}{159.7\ g/mol}}{0.250\ 0\ g} \times 100\%$$

$$= 34.83\%$$

以 Fe_3O_4 表示时

$$\omega_{Fe_3O_4} = \frac{m(s) \times \dfrac{2M(Fe_3O_4)}{3M(Fe_2O_3)}}{m(x)} \times 100\%$$

$$= \frac{0.124\ 5\ g \times \dfrac{2 \times 231.54\ g/mol}{3 \times 159.7\ g/mol}}{0.250\ 0\ g} \times 100\%$$

$$= 48.13\%$$

用不同形式表示分析结果时，由于化学因数不同，所得结果也不同。

例 3 称取含铝试样 0.500 0 g，溶解后用 8-羟基喹啉沉淀。烘干后称得 $Al(C_9H_6NO)_3$ 重 0.328 0 g。计算样品中铝的质量分数。若将沉淀灼烧成 Al_2O_3 称重，可得称量形式多少克？

解： 称量形式为 $Al(C_9H_6NO_3)$ 时，

$$\omega_{Al} = \frac{\dfrac{m[Al(C_9H_6NO_3)]M(Al)}{M[Al(C_9H_6NO)_3]}}{m_s} \times 100\%$$

$$= \frac{0.328\ 0\ g \times \dfrac{26.98\ g/mol}{459.39\ g/mol}}{0.500\ 0\ g} \times 100\% = 3.853\%$$

同量的 Al 若以 Al_2O_3 形式称重时

$$\omega_{Al} = \frac{\dfrac{m(Al_2O_3)}{M(Al_2O_3)} \times 2M(Al)}{m_s} \times 100\%$$

$$= \frac{m(Al_2O_3) \times 0.529\,3}{m_s} \times 100\%$$

$$= 3.853\%$$

则 $m(Al_2O_3) = \dfrac{3.853 \times 0.500\,0\ g}{0.529\,3 \times 100} = 0.036\,40\ g$

后一测定由于称量形式摩尔质量小，同量的 Al 所得称量形式的质量较小，称量造成的误差就大。可见称量形式摩尔质量大，有利于少量组分的测定。

四、方法应用——沉淀重量法测定 Na_2SO_4 的含量

在酸性溶液中，以 $BaCl_2$ 做沉淀剂使硫酸盐成为晶形沉淀析出，经陈化、过滤、洗涤、灼烧后，以 $BaSO_4$ 沉淀形式称量，即可计算样品中 Na_2SO_4 的含量。

在 HCl 酸性溶液中进行沉淀，可防止 CO_3^{2-}、$C_2O_4^{2-}$ 等离子与 Ba^{2+} 沉淀，但酸度可增加 $BaSO_4$ 沉淀的溶解度，降低其相对过饱和度，有利于获得较好的晶形沉淀。由于过量 Ba^{2+} 的同离子效应存在，所以溶解度损失可忽略不计。

Cl^-、NO_3^-、ClO_3^- 等阴离子和 K^+、Na^+、Ca^{2+} 等阳离子均可参与共沉淀，故应在热稀溶液中进行沉淀，以减少共沉淀的发生。因 $BaSO_4$ 的溶解度受温度影响较小，可用热水洗涤沉淀。

任务实施：

1. 工作准备

仪器：烧杯（100、400 mL）、玻璃棒、表面皿、滴管、洗瓶、量筒（10、100 mL）、定量滤纸（9 mm）、长颈漏斗、坩埚（25 mL，灼烧至恒重）、坩埚钳、干燥器、电炉、石棉网、马弗炉、分析天平（万分之一）。

试药：硫酸钠样品（Na_2SO_4）、稀盐酸（6 mol/L）、$BaCl_2$（0.1 mol/L）、$AgNO_3$ 溶液（0.1 mol/L）

2. 动手操作

测定步骤	操作内容	数据记录
1. 准备	（1）准备重量分析常用仪器设备 （2）洗涤仪器 （3）待测溶液的准备 （4）分析所用试剂的配制	供试品的名称、批号、生产厂家、规格、温度，仪器的规格型号，溶液的名称
2. 样品溶液的配制	（5）准确称取 Na_2SO_4 样品 0.4 g，（或其他可溶性硫酸盐，含硫量约 90 mg），置于 400 mL 烧杯中，加 25 mL 蒸馏水使其溶解，稀释至 200 mL	称量瓶 + 样品重（g）= 称量瓶重（g）= 样品重（g）=
3. 沉淀的制备	（6）在上述溶液中加稀 HCl 1 mL，盖上表面皿，置于电炉石棉网上，加热近沸。取 $BaCl_2$ 溶液 30～35 mL 于小烧杯中，加热近沸，然后用滴管将热 $BaCl_2$ 溶液逐滴加入样品溶液中，同时不断搅拌溶液。当 $BaCl_2$ 溶液即将加完时，静置，于 $BaSO_4$ 上清液中加入 1～2 滴 $BaCl_2$ 溶液，观察是否有白色浑浊出现，用以检验沉淀是否已完全。盖上表面皿，置于电炉（或水浴）上，在搅拌下继续加热，陈化约半小时，然后冷却至室温	
4. 沉淀的过滤和洗涤	（7）将上清液用倾注法倒入漏斗中的滤纸上，用一洁净烧杯收集滤液，检验有无沉淀穿滤现象，若有，应重新换滤纸 （8）用少量热蒸馏水洗涤沉淀 3～4 次（每次加入热水 10～15 mL），然后将沉淀小心地转移到滤纸上。用洗瓶吹洗内壁，洗涤液并入漏斗中，并用撕下的滤纸角擦拭玻璃棒和烧杯内壁，将滤纸角放入漏斗中，再用少量蒸馏水洗涤滤纸上的沉淀（约 10 次），至滤液不显 Cl^- 离子反应为止（用 $AgNO_3$ 溶液检查）	——

测定步骤	操作内容	数据记录
5.沉淀的干燥和灼烧	（9）取下滤纸，将沉淀包好，置于已恒重的坩埚中，先用小火烘干碳化，再用大火灼烧至滤纸灰化 （10）将坩埚转入马弗炉中，在800～850℃灼烧约30 min，取出坩埚，待红热退去，置于干燥器中，冷却30 min后称量 （11）重复灼烧20 min，冷却，取出，称量，直至恒重	灼烧后恒重（坩埚＋$BaSO_4$）W（g） 第1次： 第2次： 第3次： $BaSO_4$ 重 $/W-W_0$（g）＝
6.结果计算	（12）计算 Na_2SO_4 的百分含量	Na_2SO_4 的含量（％）＝
7.结束工作	（13）测定完毕，清洗仪器，仪器设备还原	

知识拓展

致敬中国科学家屠呦呦

20世纪60年代，疟原虫对奎宁类药物已经产生了抗药性，严重影响到治疗效果。中国科学家屠呦呦受到中国典籍《肘后备急方》启发，创造性地研制出抗疟新药——青蒿素和双氢青蒿素，获得对疟原虫100％的抑制，被誉为"拯救2亿人口"的发现，为中医药走向世界指明一条方向。屠呦呦因此获2015年诺贝尔生理学或医学奖，并入选感动中国2015年度人物。2017年，获2016年度国家最高科学技术奖。2018年，获改革先锋称号。2019年，被授予共和国勋章。

模块四

化学分析工国家职业
标准国家大赛资料

化学检验工（中级）国家职业标准相关要求一览表

职业功能	工作内容	技能要求	专业知识要求
一、样品交接	检验项目介绍	1. 能提出样品检验的合理化建议。 2. 能解答样品交接中提出的一般问题	1. 检验产品和项目的计量认证和审查认可（或验收）的一般知识。 2. 各检验专业一般知识
二、检验准备	（一）明确检验方案	1. 能读懂较复杂的化学分析和物理性能检测的方法、标准和操作规范。 2. 能读懂较复杂的试验装置示意图	1. 化学分析和物理性能检测的原理。 2. 分析操作的一般程序。 3. 测量结果的计算方法和依据
	（二）准备实验用水、溶液	1. 能正确选择化学分析、仪器分析及标准溶液配制所需实验用水的规格，能正确贮存实验用水。 2. 能根据不同分析检验需要选用各种试剂和标准物质。 3. 能按标准和规范配制各种化学分析用溶液，能正确配制和标定标准滴定溶液	1. 实验室用水规格及贮存方法。 2. 各类化学试剂的特点及用途，常用标准物质的特点及用途。 3. 标准滴定溶液的制备方法
	（三）检验实验用水	能按标准或规范要求检验实验用水的质量	实验室用水规格及检验方法
	（四）准备实验仪器	1. 能按有关规程对玻璃量器进行容量校正。 2. 根据检验需要正确选用紫外－可见分光光度计。 3. 能正确选用常见仪器设备	1. 玻璃量器的校正方法。 2. 分光光度计的检验方法。 3. 各检验类别常见专用仪器的工作原理、结构和用途
三、采样	（一）制定采样方案	能按照产品标准和采样要求制定合理的采样方案，对采样的方法进行可行性实验	化工产品采样知识

职业功能	工作内容	技能要求	专业知识要求
三、采样	（二）实施采样	能对一些采样难度较大的产品进行采样	
四、检测与测定	（一）分离富集、分解试样	能按标准或规格要求，分离富集样品中的待测组分，或用规定的方法分解试样	化学检验中的分离和富集、分解试样知识
	（二）化学分析	能用沉淀滴定法、氧化还原滴定法、目视比色法、薄层色谱法测定化工产品的组分	1.沉淀滴定法、氧化还原滴定法、目视比色法、薄层色谱分析的方法 2.相关国家标准中各检验项目的相应要求
	（三）仪器分析	能用电位滴定法、分光光度法等仪器分析法测定化工产品的组分	1.电位滴定法、分光光度法有关知识。 2.相关国家标准中各检验项目的相应要求
	（四）检测物理参数和性能	能检测化工产品的物理参数和性能	相关国家标准中各检验项目的相应要求
	（五）微生物学检验	从事 B 类检验的人员能测定化妆品中的粪大肠菌、金黄色葡萄球菌、绿脓杆菌等微生物指标	微生物学及检验方法
	（六）进行对照实验	1.能将标准试样与被测试样进行对照试验 2.能按其他标准分析方法（如仲裁法）与所用检验方法做对照试验	消除系统误差的方法
五、测后工作	（一）进行数据处理	1.能由对照试验结果计算出校正系数，并据此校正测定误差，消除系统误差 2.能正确处理检验结果中出现的可疑值	实验结果的数据处理知识
	（二）校核原始记录	能校核其他检验人员的检验原始记录，验证其检验方法是否正确，数据运算是够正确	对原始记录的要求

模块四

化学分析工国家职业标准国家大赛资料

141

（续表）

职业功能	工作内容	技能要求	专业知识要求
五、测后工作	（三）填写检验报告	能正确填写检验报告，做到内容完整、表述准确、字迹（或打印）清晰、判定无误	对检验报告的要求
	（四）分析检验误差的产生原因	能分析一般检验误差产生原因	检验误差产生的一般原因
六、修验仪器设备	排除仪器设备故障	能够排除所用仪器设备的简单故障	常用仪器设备的工作原理、结构和常见故障及其排除方法
七、安全实验	安全事故的处理	能对突发的安全事故果断采取适当措施，进行人员急救和事故处理	意外事故的处理方法和急救知识

化学分析部分

大赛化学分析试题

一、EDTA（0.05 mol/L）标准滴定溶液标定

（一）操作步骤

称取 1.5 g 于 850±50℃高温炉中灼烧至恒重的工作基准试剂 ZnO（不得用去皮的方法，否则称量为零分）于 100 mL 小烧杯中，用少量水润湿，加入 20 mL HCl（20%）溶解后，定量转移至 250 mL 容量瓶中，用水稀释至刻度，摇匀。移取 25.00 mL 上述溶液于 250 mL 的锥形瓶中（不得从容量瓶中直接移取溶液），加 75 mL 水，用氨水溶液（10%）调至溶液 pH 至 7~8，加 10 mL NH_3–NH_4Cl 缓冲溶液（pH≈10）及 5 滴铬黑 T（5 g/L），用待标定的 EDTA 溶液滴定至溶液由紫色变为纯蓝色。

平行测定 4 次，同时做空白。

（二）计算 EDTA 标准滴定溶液的浓度 c（EDTA），单位为 mol/L。

注：M（ZnO）= 81.39 g/mol。

计算公式：
$$c(\text{EDTA}) = \frac{m \times \frac{25.00}{250.0} \times 1\,000}{(V - V_0) \times 81.39}$$

二、硫酸钴中钴含量的测定

1. 操作步骤

称取硫酸钴液体样品 0.5 g，精确至 0.000 1 g，加水 50 mL，用乙二胺四乙酸二钠标准滴定溶液 $[c(\text{EDTA}) = 0.05 \text{ mol/L}]$ 滴定至终点前约 1 mL 时，加 10 mL 氨 – 氯化铵缓冲溶液（pH ≈ 10）及 0.2 g 紫脲酸铵指示剂，继续滴定至溶液呈紫红色。

平行测定 3 次。

2. 计算钴的质量分数 $w(\text{Co})$，以 g/kg 表示。

注：$M(\text{Co}) = 58.93$ g/mol。

计算公式：
$$w(\text{Co}) = \frac{cV \times M(\text{Co})}{m \times 1\,000} \times 100$$

注：（1）所有原始数据必须请裁判复查确认后才有效，否则考核成绩为零分。

（2）所有容量瓶稀释至刻度后必须请裁判复查确认后才可进行摇匀。

（3）记录原始数据时，不允许在报告单上计算，待所有的操作完毕后才允许计算。

（4）滴定消耗溶液体积若大于 50 mL，以 50 mL 计算。

大赛化学分析报告单

EDTA（0.05 mol/L）标准溶液标定

项目 \ 测定次数		1	2	3	4	备用
基准物称量	m 倾样前（g）					
	m 倾样后（g）					
	m（氧化锌）（g）					
移取试液体积（mL）						
滴定管初读数（mL）						

项目 ＼ 测定次数	1	2	3	4	备用
滴定管终读数（mL）					
滴定消耗 EDTA 体积（mL）					
体积校正值（mL）					
溶液温度（℃）					
温度补正值					
溶液温度校正值（mL）					
实际消耗 EDTA 体积（mL）					
空白（mL）					
c（mol/L）					
$\bar{c}$（mol/L）					
相对极差（%）					

硫酸钴中钴含量的测定

项目 ＼ 测定次数		1	2	3	备用
样品称量	m 倾样前（g）				
	m 倾样后（g）				
	m 硫酸镍（g）				
滴定管初读数（mL）					
滴定管终读数（mL）					
滴定消耗 EDTA 体积（mL）					
体积校正值（mL）					
溶液温度（℃）					
温度补正值					
溶液温度校正值（mL）					
实际消耗 EDTA 体积（mL）					

（续表）

项目 ＼ 测定次数	1	2	3	备用
c（EDTA）（mol/L）				
w（Co）（g/kg）				
$\bar{w}$（Co）（g/kg）				
相对极差（%）				

数据处理计算过程

结果报告

样品名称		样品性状	
平行测定次数			
$\bar{w}$（Co）（g/kg）			
相对极差（%）			

大赛化学分析评分标准

序号	作业项目	考核内容	配分	操作要求	考核记录	扣分	得分
一	基准物及试样的称量（9分）	称量操作	1	1. 检查天平水平			
				2. 清扫天平			
				3. 敲样动作正确			
				每错一项扣0.5分，扣完为止			
		基准物或试样称量范围	7	1. ±5%＜称样量范围≤ ±10% 每错一个扣1分，扣完为止			
				2. 称样量范围＞±10% 每错一个扣2分，扣完为止			
		结束工作	1	1. 复原天平			
				2. 放回凳子			
				每错一项扣0.5分，扣完为止			

序号	作业项目	考核内容	配分	操作要求	考核记录	扣分	得分
二	试液配制（2分）	容量瓶试漏	0.5	正确试漏 不试漏，扣0.5分			
		定量转移	0.5	转移动作规范 转移动作不规范扣0.5分			
		定容	1	1. 三分之二处水平摇动			
				2. 准确稀释至刻线			
				3. 摇匀动作正确			
				每错一项扣0.5分，扣完为止			
三	移取溶液（4.5分）	移液管润洗	1.5	润洗方法正确 润洗方法不正确扣1.5分			
		吸溶液	1	1. 不吸空			
				2. 不重吸			
				每错一次扣1分，扣完为止			
		调刻线	1	1. 调刻线前擦干外壁			
				2. 调节液面操作熟练			
				每错一项扣0.5分，扣完为止			
		放溶液	1	1. 移液管竖直			
				2. 移液管尖靠壁			
				3. 放液后停留约15秒			
				每错一项扣0.5分，扣完为止			
四	托盘天平使用（0.5分）	称量	0.5	称量操作规范 操作不规范扣0.5分			
五	滴定操作（3分）	滴定管的试漏	0.5	正确试漏　不试漏，扣0.5分			
		滴定管的润洗	0.5	润洗方法正确　润洗方法不正确扣0.5分			
		滴定操作	2	1. 滴定速度适当（不成直线）			
				2. 半滴操作到达终点			
				每错一项扣1分，扣完为止			

模块四

化学分析工国家职业标准国家大赛资料

（续表）

序号	作业项目	考核内容		配分	操作要求	考核记录	扣分	得分
六	滴定终点（4分）	标定终点	纯蓝色	4	终点判断正确			
		测定终点	蓝紫色		终点判断正确			
					每错一个扣1分，扣完为止			
七	读数（2分）	读数		2	读数正确 每错一个扣1分，扣完为止			
八	原始数据记录（2分）	原始数据记录		2	1. 原始数据记录不能用其他纸张记录			
					2. 原始数据要及时记录			
					3. 正确进行滴定管体积校正（现场裁判应核对校正体积校正值）			
					每错一个扣1分，扣完为止			
九	文明操作结束工作（1分）	物品摆放仪器洗涤"三废"处理		1	1. 仪器摆放整齐			
					2. 废纸／废液不乱扔乱倒			
					3. 结束后清洗仪器			
					每错一项扣0.5分，扣完为止			
十	重大失误（本项最多扣10分）				称量失败，每重称一次倒扣2分。			
					溶液配制失误，重新配制的，每次倒扣5分			
					重新滴定，每次倒扣5分			
					篡改（如伪造、凑数据等）测量数据的，总分以零分计			
十一	总时间（0分）	210 min		0	按时收卷，不得延时			
	特别说明				打坏仪器照价赔偿			

一~十一项总得分：_____

序号	作业项目	考核内容	配分	操作要求		考核记录	扣分	得分
十二	报告及数据处理（7分）	报告	1	不缺项 每个缺项扣 0.5 分，扣完为止				
		计算方法及结果	5	计算公式及结果正确 每错一个扣 1 分，扣完为止 （由于第一次错误影响到其他不再扣分）				
		有效数字保留	1	有效数字位数保留正确或修约正确 每错一个扣 0.5 分，扣完为止				
十三	标定结果（35分）	精密度	20	相对极差 ≤ 0.10%	扣 0 分			
				0.10% < 相对极差 ≤ 0.20%	扣 4 分			
				0.20% < 相对极差 ≤ 0.30%	扣 8 分			
				0.30% < 相对极差 ≤ 0.40%	扣 12 分			
				0.40% < 相对极差 ≤ 0.50%	扣 16 分			
				相对极差 >0.50%	扣 20 分			
		准确度	15	|相对误差| ≤ 0.10%	扣 0 分			
				0.10% < |相对误差| ≤ 0.20%	扣 3 分			
				0.20% < |相对误差| ≤ 0.30%	扣 6 分			
				0.30% < |相对误差| ≤ 0.40%	扣 9 分			
				0.40% < |相对误差| ≤ 0.50%	扣 12 分			
				|相对误差| >0.50%	扣 15 分			
十四	测定结果（30分）	精密度	15	相对极差 ≤ 0.10%	扣 0 分			
				0.10%< 相对极差 ≤ 0.20%	扣 3 分			
				0.20%< 相对极差 ≤ 0.30%	扣 6 分			
				0.30%< 相对极差 ≤ 0.40%	扣 9 分			
				0.40%< 相对极差 ≤ 0.50%	扣 12 分			
				相对极差 > 0.50%	扣 15 分			

（续表）

序号	作业项目	考核内容	配分	操作要求		考核记录	扣分	得分
十四	测定结果（30分）	准确度	15	｜相对误差｜≤ 0.10%	扣 0 分			
				0.10%<｜相对误差｜≤ 0.20%	扣 3 分			
				0.20%<｜相对误差｜≤ 0.30%	扣 6 分			
				0.30%<｜相对误差｜≤ 0.40%	扣 9 分			
				0.40%<｜相对误差｜≤ 0.50%	扣 12 分			
				｜相对误差｜> 0.50%	扣 15 分			

十二~十四项总得分：＿＿＿＿＿＿＿＿＿

仪器分析部分

大赛仪器分析试题

紫外－可见分光光度法测定未知物

一、仪器

1.紫外可见分光光度计，配 1 cm 石英比色皿 2 个（比色皿可以自带）。

2.容量瓶：100 mL 15 个。

3.吸量管：10 mL 5 支。

4.烧杯：100 mL 5 个。

二、试剂

1.标准物质溶液：任选三种标准物质溶液（水杨酸、1，10-菲啰啉、磺基水杨酸、苯甲酸、维生素 C、山梨酸、对羟基苯磺酸、苯磺酸钠）

2.未知液：四种标准物质溶液中的任何一种

三、实验操作

1. 吸收池配套性检查

石英吸收池在 220 nm 装蒸馏水，以一个吸收池为参比，调节 τ 为 100%，测定其余吸收池的透射比，其偏差应小于 0.5%，可配成一套使用，记录其余比色皿的吸光度值。

2. 未知物的定性分析

将三种标准贮备溶液和未知液配制成一定浓度的溶液。以蒸馏水为参比，于波长 200～350 nm 范围内测定溶液吸光度，并绘制吸收曲线。根据吸收曲线的形状确定未知物，并从曲线上确定最大吸收波长作为定量测定时的测量波长。190～210 nm 处的波长不能选择为最大吸收波长。

3. 标准曲线绘制

分别准确移取一定体积的标准溶液于 100 mL 容量瓶中，以蒸馏水稀释至刻线，摇匀。（绘制标准曲线必须是七个点，七个点分布要合理）。根据未知液吸收曲线上最大吸收波长，以蒸馏水为参比，测定吸光度。然后以浓度为横坐标，以相应的吸光度为纵坐标绘制标准曲线。

4. 未知物的定量分析

确定未知液的稀释倍数，并配制待测溶液于 100 mL 容量瓶中，以蒸馏水稀释至刻线，摇匀。根据未知液吸收曲线上最大吸收波长，以蒸馏水为参比，测定吸光度。根据待测溶液的吸光度，确定未知样品的浓度。未知样平行测定 3 次。

四、结果处理

根据未知溶液的稀释倍数，求出未知物的含量。

计算公式：
$$c_0 = c_X \times n$$

式中：c_0——原始未知溶液浓度（μg/mL）；

$\quad\quad c_X$——查得的未知溶液浓度（μg/mL）；

$\quad\quad n$——未知溶液的稀释倍数。

大赛仪器分析报告单

一、比色皿配套性检验

A_1 = 0.000 A_2 = _____

二、定性结果：未知物为 _____。

三、未知试样的定量测量

（一）标准溶液的配制

标准贮备溶液浓度：_____   标准溶液浓度：_____

稀释次数	吸取体积（mL）	稀释后体积（mL）	稀释倍数
1			
2			
3			
4			
5			

（二）标准曲线的绘制

测量波长：_____

溶液代号	吸取标液体积（mL）	ρ（μg/mL）	A
0			
1			
2			
3			
4			
5			

溶液代号	吸取标液体积（mL）	ρ（μg/mL）	A
6			

（三）未知液的配制

稀释次数	吸取体积（mL）	稀释后体积（mL）	稀释倍数
1			
2			
3			
4			
5			

（四）未知物含量的测定

平行测定次数	1	2	3
A			
查得的浓度（μg/mL）			
原始试液浓度（μg/mL）			
原始试液的平均浓度（μg/mL）			

计算公式：

计算过程：

定量分析结果：未知物的浓度为 ＿＿＿＿＿＿＿＿＿＿。

大赛仪器分析评分标准

序号	作业项目	考核内容	配分	考核记录	扣分说明	扣分	得分
一	仪器的准备（2分）	玻璃仪器的洗涤	1	洗净	未洗净，扣1分，最多扣1分		
				未洗净			
		检查仪器	1	进行	未进行，扣1分，最多扣1分		
				未进行			
二	溶液的制备（7分）	吸量管润洗	1	进行	吸量管未润洗或用量明显较多扣1分		
				未进行			
		容量瓶试漏	1	进行	未进行，扣1分，最多扣1分		
				未进行			
		容量瓶稀释至刻度	5	准确	溶液稀释体积不准确，且未重新配制，扣1分/个，最多扣5分		
				不准确			
三	比色皿的使用（3分）	比色皿操作	1	正确	手触及比色皿透光面扣0.5分，测定时，溶液过少或过多，扣0.5分（2/3～4/5）		
				不正确			
		比色皿配套性检验	1	进行	未进行，扣1分，最多扣1分		
				未进行			
		测定后，比色皿洗净，控干保存	1	进行	比色皿未清洗或未倒空，扣1分，最多扣1分		
				未进行			
四	仪器的使用（3分）	参比溶液的正确使用	1	正确	参比溶液选择错误，扣1分，最多扣1分		
				不正确			
		测量数据保存和打印	2	进行	不保存每次扣1分，最多扣2分		
				未进行			

序号	作业项目	考核内容	配分	考核记录	扣分说明	扣分	得分
五	原始数据记录（5分）	原始记录	2	完整、规范	原始数据不及时记录每次扣0.5分；项目不齐全、空项扣0.5分/项；最多扣2分，更改数值经裁判员认可，擅自转抄、誊写、涂改、拼凑数据取消比赛资格		
				欠完整、不规范			
		是否使用法定计量单位	1	是	没有使用法定计量单位，扣1分，最多扣1分		
				否			
		报告（完整、明确、清晰）	2	规范	不规范，扣2分，最多扣2分；无报告、虚假报告者取消比赛资格		
				不规范			
六	文明操作结束工作（2分）	关闭电源、填写仪器使用记录	1	进行	未进行，每一项扣0.5分，最多扣1分		
				未进行			
		台面整理、废物和废液处理	1	进行	未进行，每一项扣0.5分，最多扣1分		
				未进行			
七	重大失误	玻璃仪器	0	损坏	每次倒扣2分		
		UV1800光度计	0	损坏	每次倒扣20分并赔偿相关损失		
		试液重配制	0		试液每重配制一次倒扣3分，开始吸光度测量后不允许重配制溶液		
		重新测定	0		由于仪器本身的原因造成数据丢失，重新测定不扣分；其他情况每重新测定一次倒扣3分		
八	总时间（0分）	210分钟完成	0		比赛不延时，到规定时间终止比赛		

注：选手不配制0号容量瓶溶液的，在第十大项定量测定配制标准系列溶液中扣分。

一~八项总得分：＿＿＿＿＿＿＿＿

（续表）

序号	作业项目	考核内容	配分	考核记录	扣分说明	扣分	得分
九	定性测定（8分）	扫描波长范围选择	1	正确	未在规定的范围内扣2分，最多扣2分		
				不正确			
		光谱比对方法及结果	3	正确	结果不正确扣3分，最多扣3分		
				不正确			
		光谱扫描、绘制吸收曲线	4	正确	吸收曲线一个不正确扣1分，最多扣4分		
				不正确			
十	定量测定（34分）	测量波长的选择	1	正确	最大波长选择不正确扣1分，最多扣1分		
				不正确			
		正确配制标准系列溶液（7个点）	3	正确	标准系列溶液个数不足7个，扣3分		
				不正确			
		七个点分布要合理	3	合理	不合理，扣3分		
				不合理			
		标准系列溶液的吸光度	3	正确	大部分的吸光度在0.2～0.8之间（≥4个点），否则扣3分		
				不正确			
				不正确			
		试液吸光度处于工作曲线范围内	4	正确	吸光度超出工作曲线范围，扣4分，不允许重做		
				不正确			
		工作曲线线性	20	1档	相关系数 ≥ 0.999 995	0	
				2档	0.999 995 > 相关系数 ≥ 0.999 99	4	
				3档	0.999 99 > 相关系数 ≥ 0.999 95	8	
				4档	0.999 95 > 相关系数 ≥ 0.999 9	12	
				5档	0.999 9 > 相关系数 ≥ 0.999 5	16	
				6档	相关系数 < 0.999 5	20	

序号	作业项目	考核内容	配分	考核记录	扣分说明	扣分	得分
十一	测定结果（34分）	图上标注项目齐全	1	全	每缺1项，扣0.5分，最多扣1分；在图上标注考生相关信息的，取消比赛资格		
				不全			
		计算公式正确	1	正确	公式不正确扣1分，最多扣1分		
				不正确			
		计算正确	1	正确	计算不正确扣1分，最多扣1分		
				不正确			
		有效数字	1	正确	有效数字保留不正确扣1分，最多扣1分		
				不正确			
		精密度	10	1档	A值相差为0.001	0	
				2档	A值相差 = 0.002	2	
				3档	A值相差 = 0.003	4	
				4档	A值相差 = 0.004	6	
				5档	A值相差 = 0.005	8	
				6档	A值相差 > 0.005	10	
		准确度	20	1档	$\lvert RE \rvert \leq 0.25\%$	0	
				2档	$0.25\% < \lvert RE \rvert \leq 0.5\%$	5	
				3档	$0.5\% < \lvert RE \rvert \leq 0.75\%$	10	
				4档	$0.75\% < \lvert RE \rvert \leq 1\%$	15	
				5档	$\lvert RE \rvert > 1\%$	20	

九~十一项总得分：_____

总分：_____

模块五

附　录

一、常见元素的相对原子质量表

序数	名称	符号	原子量	序数	名称	符号	原子量	序数	名称	符号	原子量
1	氢	H	1.008	37	铷	Rb	85.47	73	钽	Ta	180.9
2	氦	He	4.003	38	锶	Sr	87.62	74	钨	W	183.9
3	锂	Li	6.941	39	钇	Y	88.91	75	铼	Re	186.2
4	铍	Be	9.012	40	锆	Zr	91.22	76	锇	Os	190.2
5	硼	B	10.81	41	铌	Nb	92.91	77	铱	Ir	192.2
6	碳	C	12.01	42	钼	Mo	95.94	78	铂	Pt	195.1
7	氮	N	14.01	43	锝	Tc	98.91	79	金	Au	197.0
8	氧	O	16.00	44	钌	Ru	101.1	80	汞	Hg	200.6
9	氟	F	19.00	45	铑	Rh	102.9	81	铊	Tl	204.4
10	氖	Ne	20.18	46	钯	Pd	106.4	82	铅	Pb	207.2
11	钠	Na	22.99	47	银	Ag	107.9	83	铋	Bi	209.0
12	镁	Mg	24.31	48	镉	Cd	112.4	84	钋	^{210}Po	210.0
13	铝	Al	26.98	49	铟	In	114.8	85	砹	^{210}At	210.0
14	硅	Si	28.09	50	锡	Sn	118.7	86	氡	^{222}Rn	222.0
15	磷	P	30.97	51	锑	Sb	121.8	87	钫	^{223}Fr	223.2
16	硫	S	32.07	52	碲	Te	127.6	88	镭	^{226}Ra	226.0
17	氯	Cl	35.45	53	碘	I	126.9	89	锕	^{227}Ac	227.0
18	氩	Ar	39.95	54	氙	Xe	131.3	90	钍	Th	232.0
19	钾	K	39.10	55	铯	Cs	132.9	91	镤	^{231}Pa	231.0
20	钙	Ca	40.08	56	钡	Ba	137.3	92	铀	U	238.0
21	钪	Sc	44.96	57	镧	La	138.9	93	镎	^{237}Np	237.0
22	钛	Ti	47.87	58	铈	Ce	140.1	94	钚	^{244}Pu	239.1
23	钒	V	50.94	59	镨	Pr	140.9	95	镅	^{243}Am	243.1
24	铬	Cr	52.00	60	钕	Nd	144.2				
25	锰	Mn	54.94	61	钷	Pm	144.9				
26	铁	Fe	55.85	62	钐	Sm	150.4				
27	钴	Co	58.93	63	铕	Eu	152.0				
28	镍	Ni	58.69	64	钆	Gd	157.3				
29	铜	Cu	63.55	65	铽	Tb	158.9				
30	锌	Zn	65.39	66	镝	Dy	162.5				
31	镓	Ga	69.72	67	钬	Ho	164.9				
32	锗	Ge	72.61	68	铒	Er	167.3				
33	砷	As	74.92	69	铥	Tm	168.9				
34	硒	Se	78.96	70	镱	Yb	173.0				
35	溴	Br	79.90	71	镥	Lu	175.0				
36	氪	Kr	83.80	72	铪	Hf	178.5				

二、常用洗涤剂的配制

洗涤剂名称	配制方法与用途
铬酸洗液	（1）5 g 重铬酸钾 +100 mL 浓硫酸 （2）5 g 重铬酸钾 +5 mL 水 +100 mL 浓硫酸 （3）80 g 重铬酸钾 +1 000 mL 水 +100 mL 浓硫酸 （4）200 g 重铬酸钾 +500 mL 水 +500 mL 浓硫酸 广泛用于玻璃仪器的洗涤
5% 草酸溶液	用数滴硫酸酸化，可洗去高锰酸钾痕迹
45% 尿素洗涤液	为蛋白质的良好溶剂，可洗涤蛋白质制及血样的容器
5%～10%EDTA-Na$_2$ 溶液	加热煮沸可洗玻璃仪器内壁的白色沉淀物
有机溶剂	丙酮、乙醇、乙醚等可脱油脂、脂溶性染料等痕迹，二甲苯可洗油漆的污垢
30% 硝酸溶液	洗涤微量滴管及 CO$_2$ 测定仪器
乙醇与浓硝酸的混合液	滴定管中加 3 mL 乙醇，然后沿管壁慢慢加入 4 mL 浓硝酸盖住管口，利用所产生的氧化氮洗净滴定管
强碱性洗涤液	氢氧化钾的乙醇溶液和含高锰酸钾的氢氧化钠溶液，可清除容器内壁的污垢，但对玻璃仪器的腐蚀性较强，使用时时间不宜过长
浓盐酸	可除去容器上的水垢或无机盐沉淀

三、常用酸碱浓度

试剂名称	密度（g/cm³）	质量分数（%）	物质的量浓度（mol/L）	试剂名称	密度（g/cm³）	质量分数（%）	物质的量浓度（mol/L）
浓硫酸	1.84	98	18	氢溴酸	1.38	40	7
浓盐酸	1.19	38	12	氢碘酸	1.70	57	7.5
浓硝酸	1.5	68	16	冰醋酸	1.05	99	17.5
浓磷酸	1.7	85	14.7	浓氨水	0.91	～28	14.8
浓高氯酸	1.67	70	11.6	浓氢氟酸	1.13	40	23

四、弱电解质的电离常数

1.弱酸电离常数

酸	温度（℃）	级	电离常数 K_a	pK_a
砷酸（H_3AsO_4）	18	1	5.6×10^{-3}	2.25
		2	1.7×10^{-7}	6.77
		3	3.0×10^{-12}	11.50
正硼酸（H_3BO_3）	20		5.7×10^{-10}	9.24
碳酸（H_2CO_3）	25	1	4.2×10^{-7}	6.38
		2	5.6×10^{-11}	10.25
铬酸（H_2CrO_4）	25	1	1.8×10^{-1}	0.74
		2	3.2×10^{-7}	6.49
氢氟酸（HF）	25	1	3.5×10^{-4}	3.46
氢氰酸（HCN）	25	1	6.2×10^{-10}	9.21
氢硫酸（H_2S）	25	1	1.3×10^{-7}	6.89
		2	7.1×10^{-13}	12.15
磷酸（H_3PO_4）	25	1	7.6×10^{-3}	2.12
		2	6.3×10^{-8}	7.20
		3	4.4×10^{-18}	12.36
甲酸（HCOOH）	20		1.8×1^{-4}	3.74
醋酸（HAC）	20		1.8×10^{-5}	4.74
草酸（$H_2C_2O_4$）	25	1	5.90×10^{-2}	1.23
		2	6.40×10^{-5}	4.19

2. 弱碱的电离常数

碱	温度（℃）	级	电离常数 K_b	pK_b
氨水（$NH_3 \cdot H_2O$）	25		1.8×10^{-5}	4.74
羟胺（NH_2OH）	20		9.1×10^{-9}	8.04

五、常用指示剂

1. 酸碱指示剂

名称	变色（pH值）范围	颜色变化	配置方法
0.1% 百里酚蓝	1.2 ~ 2.8	红~黄	0.1 g 百里酚蓝溶于 20 mL 乙醇中，加水至 100 mL
0.1% 甲基橙	3.1 ~ 4.4	红~黄	0.1 g 甲基橙溶于 100 mL 热水中
0.1% 溴酚蓝	3.0 ~ 1.6	黄~紫蓝	0.1 g 溴酚蓝溶于 20 mL 乙醇中，加水至 100 mL
0.1% 溴甲酚绿	4.0 ~ 5.4	黄~蓝	0.1 g 溴甲酚绿溶于 20 mL 乙醇中，加水至 100 mL
0.1% 甲基红	4.8 ~ 6.2	红~黄	0.1 g 甲基红溶于 60 mL 乙醇中，加水至 100 mL
0.1% 溴百里酚蓝	6.0 ~ 7.6	黄~蓝	0.1 g 溴百里酚蓝溶于 20 mL 乙醇中，加水至 100 mL
0.1% 中性红	6.8 ~ 8.0	红~黄橙	0.1 g 中性红溶于 60 mL 乙醇中，加水至 100 mL
0.2% 酚酞	8.0 ~ 9.6	无~红	0.2 g 酚酞溶于 90 mL 乙醇中，加水至 100 mL
0.1% 百里酚蓝	8.0 ~ 9.6	黄~蓝	0.1 g 百里酚蓝溶于 20 mL 乙醇中，加水至 100 mL
0.1% 百里酚酞	9.4 ~ 10.6	无~蓝	0.1 g 百里酚酞溶于 90 mL 乙醇中，加水至 100 mL
0.1% 茜素黄	10.1 ~ 12.1	黄~紫	0.1 g 茜素溶于 100 mL 水中

2. 混合指酸碱示剂

指示剂溶液的组成	变色时 pH 值	颜色		备注
		酸色	碱色	
一份 0.1% 甲基黄乙醇溶液 一份 0.1% 亚甲基蓝乙醇溶液	3.25	蓝紫	绿	pH = 3.2, 蓝紫色 pH = 3.4, 绿色
一份 0.1% 甲基橙水溶液 一份 0.25% 靛蓝二磺酸水溶液	4.1	紫	黄绿	
一份 0.1% 溴甲酚绿钠盐水溶液 一份 0.2% 甲基橙水溶液	4.3	橙	蓝绿	pH = 3.5, 黄色 pH = 4.05, 绿色 pH = 4.3, 浅绿色
一份 0.1% 溴甲酚绿钠盐水溶液 一份 0.1% 氯酚钠盐水溶液	6.1	黄绿	蓝紫	pH = 5.4, 蓝绿色 pH = 5.8, 蓝色 pH = 6.0, 蓝带紫 pH = 6.2, 蓝紫色
一份 0.1% 中性红乙醇溶液 一份 0.1% 亚甲基蓝乙醇溶液	7.0	蓝紫	绿	pH = 7.0, 紫蓝
一份 0.1% 甲酚红钠盐水溶液 三份 0.1% 百里酚蓝钠盐水溶液	8.3	黄	紫	pH = 8.2, 玫瑰红 pH = 8.4, 清晰的紫色
一份 0.1% 百里酚蓝 50% 乙醇溶液 三份 0.1% 酚酞 50% 乙醇溶液	9.0	黄	紫	从黄到绿, 再到紫
一份 0.1% 酚酞乙醇溶液 一份 0.1% 百里酚酞乙醇溶液	9.9	无	紫	pH = 9.6, 玫瑰红 pH = 10, 紫红
二份 0.1% 百里酚酞乙醇溶液 一份 0.1% 茜素黄乙醇溶液	10.2	黄	紫	

3. 沉淀及金属指示剂

名称	颜色		配制方法
	游离	化合物	
铬酸钾	黄	砖红	5% 水溶液
硫酸铁铵, 40%	无色	血红	$NH_4Fe(SO_4)_2 \cdot 12H_2O$ 饱和水溶液, 加数滴浓 H_2SO_4

名称	颜色		配制方法
	游离	化合物	
荧光黄，0.5%	绿色荧光	玫瑰红	0.50 g 荧光黄溶于乙醇，并用乙醇稀释至 100 mL
铬黑 T	蓝	酒红	（1）2 g 铬黑 T 溶于 15 mL 三乙醇胺及 5 mL 甲醇中 （2）1 g 铬黑 T 与 100 g NaCl 研细、混匀（1:100）
钙指示剂	蓝	红	0.5 g 钙指示剂与 100 g NaCl 研细、混匀
二甲酚橙，0.5%	黄	红	0.5 g 二甲酚橙溶于 100mL 去离子水中
K–B 指示剂	蓝	红	0.5 g 酸性铬蓝 K 加 1.25 g 萘酚绿 B，再加 25 g K_2SO_4 研细，混匀
GA XL、混匀磺基水杨酸	无	红	10% 水溶液
PAN 指示剂，0.2%	黄	红	0.2 g PAN 溶于 100 mL 乙醇中
邻苯二酚紫，0.1%	紫	蓝	0.1 g 邻苯二酚紫溶于 100 mL 去离子水中

4. 氧化还原法指示剂

名称	变色电势 φ/V	颜色		配制方法
		氧化态	还原态	
二苯胺，1%	0.76	紫	无色	1 g 二苯胺在搅拌下溶于 100 mL 浓硫酸和 100 mL 浓磷酸，贮于棕色瓶中
二苯胺磺酸钠，0.5%	0.85	紫	无色	0.5 g 二苯胺磺酸钠溶于 100 mL 水中，必要时过滤
邻菲啰啉硫酸亚铁，0.5%	1.06	淡蓝	红	0.5 g $FeSO_4 \cdot 7H_2O$ 溶于 100 mL 水中，加 2 滴硫酸，加 0.5 g 邻菲啰啉
邻苯氨基苯甲酸，0.2%	1.08	红	无色	0.2 g 邻苯氨基苯甲酸加热溶解在 100 mL 0.2%Na_2CO_3 溶液中，必要时过滤
淀粉，0.2%				2 g 可溶性淀粉，加少许水调成浆状，在搅拌下注入 1 000 mL 沸水中，微沸 2 min，放置，取上层溶液使用（若要保持稳定，可在研磨淀粉时加入 10 mg HgI_2）

模块六

参考文献

［1］高等职业教育化学教材编写组.分析化学（第6版）.北京：高等教育出版社，2022.

［2］张小康，张正兢.工业分析（第3版）.北京：化学工业出版社，2017.

［3］高职高专化学教材编写组.分析化学实验（第5版）.北京：高等教育出版社，2021.

［4］黄一石，黄一波，乔子荣.定量化学分析（第4版）.北京：化学工业出版社，2020.

［5］武汉大学.分析化学（第3版）.北京：高等教育出版社，2000.

［6］胡伟光、张文英.定量化学实验.北京：化学工业出版社，2004.

［7］工业用氢氧化钠：GB/T 209-2018.

［8］化学试剂标准滴定溶液的制备：GB/T G01-2016.